계절 따라 피는 들꽃이야기

계절 따라 피는 들꽃이야기

초판 발행 | 2026년 1월 12일

지은이 | 최선이
펴낸이 | 김기호

펴낸곳 | 한가람서원
등록 | 제2-1863호
주소 | 서울특별시 중구 마른내로 72, 504호
전화 | 02-336-5695
팩스 | 02-336-5629
전자우편 | bookmake@naver.com

ISBN | 978-89-90356-73-4 (03480)
값 | 20,000원

계절 따라 피는 들꽃이야기

최선이 지음

한가람서원

우리 곁의 야생화들은

그저 꽃이 아니라, 자연이 써 내려간

한 편의 시이자 한 줄의 이야기다.

야생화, 자연이 주는 선물

숲과 들판, 산과 골짜기 어딘가에는 우리가 미처 주목하지 못한 작은 생명들이 숨어 있다. 이 작은 꽃들은 화려한 도시의 꽃밭이나 정원의 장식용 꽃들과 달리, 사람의 손길이 닿지 않은 자연 속에서 홀로 피어난다. 바람결에 흔들리고 햇살에 반짝이며, 계절의 흐름 속에서 스스로 태어나고 사라진다. 이름 없는 들풀과 다름없어 보이지만, 그 속에는 이 땅의 시간과 생명의 깊은 이야기가 담겨 있다.

야생화는 자연이 우리에게 보내는 순수한 선물이다. 거친 바람과 모진 비바람, 차가운 겨울과 뜨거운 여름까지, 수많은 어려움을 견뎌내며 피어나는 꽃들이다. 한겨울 땅속에서 싹을 틔우고, 봄이 오면 가장 먼저 얼굴을 내미는 얼음꽃부터, 무더운 여름 숲속에서 조용히 빛나는 작은 자줏빛 꽃까지, 이들은 자신만의 방식으로 삶을 살아간다. 자연과 함께 살아가는 방식은 화려하지 않지만 진실하며 작지만, 절대 작지 않은 의미를 품고 있다.

이 작은 야생화들은 우리에게 삶의 태도를 가르친다. 아무리 힘든 환경이라도 묵묵히 자신의 자리에서 피어나는 들꽃처럼, 우리도 각자의 자리에서 최선을 다하며 살아가야 한다는 것을. 작은 꽃잎 하나하나에 깃든 수많은 계절의 기억은 겸손과 인내, 그리고 소박한 희망의 상징이다. 야생화는 소리 없이 우리 곁에 머물며 자연과 인간, 세상을 연결하는 은밀한 다리가 되어준다.

우리 곁의 야생화들은 그저 꽃이 아니라, 자연이 써내려간 한 편의 시이자 한 줄의 이야기다. 저마다 고유한 색과 향을 품고, 삶의 방식 또한 다르다. 어느 계절, 어느 땅에 피어나는가에 따라 그 존재의 의미가 달라지고, 피고 지는 순간마다 생태계의 정교한 질서 속에서 제 몫을 다한다. 그 모습 하나하나에는 자연이 수천 년에 걸쳐 엮어낸 섬세한 질서와 아름다움이 깃들어 있다. 그래서 야생화는 단순한 식물이 아니라, 땅과 계절을 읽는 해독표이며, 생명이라는 언어가 펼쳐지는 가장 순수한 형태라 할 수 있다.

계절의 흐름을 따라 피어나는 한국의 야생화들을 따라가며, 그들이 들려주는 섬세한 속삭임에 마음을 기울인다. 얼레지, 개나리, 미선나무로 시작되는 봄의 문턱에서부터, 여름의 짙은 녹음, 가을의 깊어진 빛깔, 겨울의 고요한 숨결 속까지, 사계절을 거치며 수많은 야생화들이 피고 진다. 길가의 이름 없는 들꽃에서부터 선조들의 시와 그림 속에 깃들었던 사랑받는 꽃들까지, 각기 다른 야생화들은 저마다 자연이 전하는 메시지와 오래된 삶의 지혜를 품고 있다. 그 꽃들의 흔적을 좇아, 자연과 인간의 깊은 교감을 되새겨본다.

야생화가 우리에게 주는 선물은 단순한 아름다움 이상의 것이다. 그것은 생명의 위대함에 대한 경외이고, 고단한 일상 속에서 발견하는 작은 기쁨이며, 우리 마음에 깃든 자연과의 연결이다. 바쁜 현대를 살아가는 우리에게 야생화는 느리지만 확실한 삶의 속도를 가르쳐주며, 자연과 함께하는 삶의 가치를 다시 한번 일깨워준다.

한 송이 야생화를 바라보는 순간, 우리는 계절의 숨결과 자연이 건네는 고요한 떨림을 마주하게 된다. 꽃잎 하나에 스며든 시간의 결, 그 속에 깃든 빛과 바람, 흙의 온기를 통해 잊고 지내던 자연과의 깊은 교감이 조용히 되살아난다. 야생화란, 자연이 우리에게 조심스레 내미는 가장 순결한 선물이며, 매 순간을 다시 사랑하게 만드는 작고도 놀라운 기적이다.

2026년 1월

최선이

차례

2 초록이 짙어지는 여름, 생명의 향연

3 황금 가을, 결실과 아름다움

CHAPTER

1

봄 야생화, 그 작은 생명의 세계

남산제비꽃,
봄의 첫 문장에 피어나는 보랏빛 쉼표

아직 겨울의 기운이 채 물러나지 않은 3월, 남산 자락엔 낮은 햇살이 길게 깔리고 바람은 차지만 어딘가 살결을 어루만지듯 순하다. 그런 계절의 틈, 나뭇가지 사이로 드문드문 스며드는 빛을 따라 조심스레 고개를 내미는 꽃이 있다. 눈길을 끌 만큼 화려하진 않지만, 다소곳이 아래로 피어난 그 모습은 마치 조용한 인사를 건네듯 땅 가까이서 작은 숨결로 다가온다. 그것이 바로 남산제비꽃이다.

남산제비꽃은 제비꽃과의 여러해살이풀이다. 이름에서 알 수 있듯, 서울 남산 일대를 중심으로 처음 기록되어 그 지역명과 함께 불리게 되었지만, 현재는 중부 이남의 산지와 양지바른 풀밭, 도심의 공원과 같은 반그늘의 건조한 토양에서 자생적으로 자란다. 특히 낙엽이 덜 수거된 산책로 옆, 사람들의 시선이 미치지 않는 경사면이나 돌 틈에서 홀로 피어 있는 모습이 자주 관찰된다.

꽃이 피는 시기는 4월에서 5월 사이다. 봄꽃 중 이르게 피는 종류 중 하나이며, 온도와 햇볕에 민감하게 반응해 눈이 채 녹지 않은 땅 위에서도 조용히 그 색을 드러낸다. 잎보다 꽃이 먼저 피어나며, 잎은 후에 올라와 넓은 삼각형 모양으로 자란다. 이 때문에 남산제비꽃은 흔한 제비꽃들 속에서도 유난히 단정하고 명료한 인상을 준다.

남산제비꽃은 주로 산의 응달진 곳, 그늘지고 습한 환경에서 자란다. 줄기가 따로 없이 뿌리에서 잎이 모여 나오는 형이며, 지역과 환경에 따라 형태의 변이가 다양하게 나타난다. 식물의 높이는 대체로 5~30cm 정도이고, 잎은 뿌리에서 긴 잎자루를 통해 돋아나며 독특한 형태를 지닌다. 잎몸은 보통 세 갈래로 갈라지고, 양쪽 갈래는 다시 두 갈래로 나뉘어 겉보기에는 5장처럼 보인다. 이 잎의 갈라짐은 중앙 맥까지 깊게 이어져 있어 일반적인 제비꽃들과 뚜렷이 구분되는 특징이다.

남산제비꽃(학명: Viola dissecta var. chaerophylloides)

꽃은 잎 사이에서 길게 올라오는 꽃줄기 끝에 하나씩 피며, 흰색의 꽃잎이 5장 달린다. 그중 아래쪽 중앙의 꽃잎에는 자주색 줄무늬가 선명히 들어 있어 꿀벌 등 곤충을 유인한다. 특히 이 꽃은 향기가 매우 강하고 우수한 것으로 알려져 있으며, 다른 제비꽃류보다 후각적으로 뚜렷한 존재감을 드러낸다.

열매는 삭과로, 5~7mm 정도의 세모지거나 타원형이며 털이 없다. 씨앗은 익으면 땅 위로 튀며 퍼지는 특성이 있어, 자생지 주변에 군락을 이루는 경우도 더러 있다.

꽃은 줄기 없이 땅에서 바로 피어나기에 더욱 초라해 보일 수 있으나, 그 속에는 계절을 여는 강한 의지가 숨어 있다.

군락을 이루는 경우는 드물지만, 때때로 오래된 산책로 가장자리나 사람의 손이 닿지 않는 자그마한 돌 틈 사이에서 몇 포기씩 함께 피어난 모습을 볼 수 있다. 그 장면은 마치 침묵 속에 나눈 약속 같고, 봄이라는 계절이 혼자 오지 않는다는 증거처럼 다가온다.

남산제비꽃은 크지도 향기롭지도 않다. 그러나 그 조심스러운 피어남은 겨울을 견뎌낸 끝에 맞이하는 봄의 첫 숨결과도 같다. 해가 길어지고 바람이 서서히 부드러워질 즈음, 남산제비꽃은 어김없이 그 자리에서 다시 꽃을 틔운다. 그것은 단순한 들꽃이 아니라, 사라지지 않는 계절의 서명이자 도심 속에서도 잊히지 않은 자연의 한 문장이다.

현호색,
고요히 피어나는 청보랏빛 기척

촉촉한 낙엽이 켜켜이 내려앉은 땅바닥, 푸른 이끼가 깃든 바위틈 사이로 어느새 잿빛 어둠을 비집고 스며드는 은은한 보랏빛이 눈에 띈다. 눈을 낮추어야 비로소 마주할 수 있는 그 빛깔은 마치 대지가 내쉰 부드러운 숨결처럼, 봄의 시작을 가장 조용하고 은밀하게 알린다.

그 주인공이 바로 '현호색'이다. 이름 속에 담긴 '검은 뿌리'라는 뜻처럼, 땅속 깊은 곳에서 묵묵히 생명을 품고 있다가, 어느 날 바람결에 맞춰 살며시 고개를 든다. 꽃은 작고 연약하지만, 그 존재는 유난히 깊고 단단하다. 숲이 깨어나는 순간을 가장 먼저 알아차리는 이 꽃은, 그늘진 숲속에 숨겨진 보석처럼 소리 없이 빛난다.

현호색은 미나리아재빗과에 속하는 여러해살이풀로, 키는 크지 않지만 강인하고도 우아하다. 현호색의 꽃은 땅 가까이, 마치 누군가의 숨결에 이끌리듯 조심스럽게 고개를 든다. 꽃잎은 네 장으로 이

현호색(학명 : Corydalis remota Fisch. ex Maxim.)

루어졌지만 그 배열이 비대칭적이고 섬세하여, 얼핏 보면 작고 우아한 관악기처럼 보인다. 특히 위쪽 꽃잎은 길게 자라 뒤로 말리듯 뻗고, 그 끝엔 꿀주머니처럼 돌출된 부분이 자리 잡아 꽃 전체에 리듬 있는 곡선을 만들어낸다. 양옆의 꽃잎은 서로를 부드럽게 감싸며, 아래쪽 꽃잎은 조심스럽게 아래로 접혀 있다. 이런 구성은 마치 꽃이 자신의 속삭임을 감추듯, 혹은 봄바람에 귓속말을 건네는 듯한 인상을 준다.

은은한 보랏빛이 잎 사이로 스며들 듯 번지고, 작고 긴 꽃송이들이 줄기를 따라 고개를 돌려 핀다. 한 송이만 봐서는 알기 어려운 그 곡선의 아름다움이, 여러 송이가 나란히 모였을 때 비로소 완성되는 듯하다. 작고 연약해 보이지만 그 속에는 깊은 구조적 정밀함이 숨어 있고, 생존을 위한 전략이 고스란히 배어 있다. 현호색은 이름보다도 모양이 먼저 기억에 남는 꽃이다. 너무도 조용하게 피어, 오히려 오래도록 시선을 머물게 한다.

옛 문헌과 민간에서는 현호색 뿌리를 약재로 사용해 왔다. 주로 진통과 염증 완화에 쓰이며, 몸과 마음의 고통을 치유하는 데에 쓰였다는 전해진다. '검은 뿌리'라는 이름에는 단순한 식물명 이상의 의미가 있다. 그 속에는 고난과 어둠 속에서도 스스로를 지켜내는 '치유의 힘'과 '회복의 의지'가 깃들어 있다. 사람들은 현호색을 통해 자연과 인간이 맞닿는 신비로운 치유의 공간을 엿볼 수 있었다.

현호색의 존재는 우리에게 말없이 많은 것을 전한다. 바쁜 일상에 묻혀 눈에 띄지 않아도, 가장 어두운 숲속 구석에서조차 생명은 피어나고, 자신의 빛을 잃지 않는다는 것. 때로는 화려함을 추구하기보다 조용한 자리를 지키는 것만으로도 충분히 빛날 수 있음을 가르친다. 현호색은 조용하지만, 굳건한 생명의 의지이자 고요한 내면의 강인함을 상징한다.

산길을 걷다 우연히 마주한 현호색은 그 자체로 한 폭의 수묵화 같다. 짙푸른 꽃잎은 고요한 숲과 어우러져 깊은 명상에 빠져들게 한다. 그 순간, 세상의 시끄러운 소음은 멀어지고, 바람과 나무, 그리고 꽃 사이의 숨결만이 남는다. 현호색은 우리에게 자연과 하나 되는 시간을 선물하며, 삶의 깊은 본질에 다가가도록 이끈다.

얼레지,
봄 산골에 내리는 분홍빛 꿈결

산골짜기 깊숙한 곳, 햇빛이 드문드문 스며드는 그늘진 숲 가장자리에는 분홍빛 바다가 조용히 펼쳐진다. 그 주인공은 봄의 시작을 알리는 순수하고 고귀한 야생화, 얼레지다. 얼레지는 한 송이로도 충분히 아름답지만, 진정한 매력은 군락을 이룰 때 비로소 드러난다.

산자락의 바위틈과 촉촉한 낙엽 아래, 고요한 산골짜기에 피어난 얼레지 군락은 마치 분홍빛 파도가 잔잔히 일렁이는 듯한 풍경을 자아낸다. 꽃들은 서로의 어깨를 살포시 겹쳐 안으며, 자연이 빚어낸 조화로운 색채의 향연을 완성한다. 속삭이듯 번져가는 연분홍빛 물결은 봄 산골의 적막을 부드럽게 깨우고, 이곳을 찾은 이의 마음을 설렘으로 가득 채운다.

바람과 햇살, 그리고 땅의 기운을 품은 얼레지들은 살아 움직이듯 피어나며 봄 산의 적막을 깨운다. 바람에 살랑이는 꽃잎들은 서로

부딪치며 마치 속삭이는 듯하고, 햇빛을 머금은 분홍빛 꽃잎들은 은은하게 빛나면서 숲속 어둠과 대비를 이루어 그 아름다움을 배가시킨다. 수많은 꽃송이 사이로 작은 벌과 나비들이 찾아들어, 꽃가루받이의 소중한 임무를 수행한다. 곤충들과 꽃들이 빚어내는 조화로운 교감은 숲 전체에 생명의 활력을 불어넣는다.

이러한 얼레지 군락지는 단순히 아름다운 풍경 그 이상이다. 그곳은 자연의 섬세한 균형이 유지되는 생태계의 한 단면이며, 숲과 들판이 다시 생명으로 가득 찰 때까지 이어지는 중요한 연결고리다. 이 작은 꽃들은 이른 봄, 겨우내 숨죽였던 숲의 곤충들을 깨우고, 산골짜기 생태계의 첫 번째 숨결을 내쉰다. 얼레지 군락지에서 피어난 꽃 하나하나가 작은 생명의 고리로 이어지며, 숲의 생명망을 견고하게 지탱하는 것이다.

얼레지(학명: Erythronium japonicum)

주로 해발 300~800m 정도의 산지 그늘진 습기가 머무는 곳에서 발견된다. 바위 틈새나 낙엽 더미 아래, 그리고 나무 그늘이 드리워진 곳에 옹기종기 모여 피어나는데, 이런 환경은 얼레지가 성장하기에 최적의 조건을 제공한다. 습기가 적당히 머무르고, 직사광선이 강하지 않아 은은한 빛만이 꽃잎 위에 내려앉는다. 이러한 섬세한 자연환경 속에서 얼레지는 긴 겨울을 견디고 그 봄의 첫 빛으로 피어난다.

얼레지의 꽃은 특이하게도 잎보다 먼저 피어난다. 꽃이 만개한 뒤에야 긴 잎이 무성하게 자라나 땅을 덮으며, 잎은 꽃이 지고 난 뒤에도 한동안 남아 있어 뿌리에 영양을 공급한다. 이 성장 순서는 얼레지가 가진 생명의 신비이자 자연이 선택한 생존 전략이다. 이른 봄 가장 먼저 피어나 꽃가루받이를 돕고, 뒤늦게 잎으로 에너지를 모아 한 해의 생명을 이어간다.

옛사람들은 얼레지를 보며 그 고운 빛깔과 생태적 신비에 감탄했다. '얼레지'라는 이름은 꽃잎의 곡선이 실타래를 감는 얼레와 닮았다는 데서 비롯되었으며, 봄의 시작을 알리는 꽃으로 여겨졌다. 그 희미하면서도 진한 분홍빛은 희망과 순수, 그리고 새로운 시작을 상징하는 꽃말로 자리 잡았다.

얼레지는 그렇게, 산골짜기의 차가운 그늘 속에서 피어난 봄의 꿈이자, 작고 연약해 보이지만 가장 강인한 생명의 의지이며, 숲과 자연이 우리에게 전하는 가장 은은한 희망의 빛이다.

천남성,
독을 품은 기이한 매력의 야생화

숲은 해가 완전히 들어오지 않는 공간이 있다. 그늘이 짙고 바람이 느리며, 풀잎 하나도 쉽게 자라지 못하는 그런 자리. 하지만 놀랍게도 그 어두운 틈새에서 더 강한 생명들이 피어난다. 그중에서도 단번에 시선을 사로잡는 기이한 형상의 식물, 천남성이다. 단순한 꽃이라고 부르기엔 그 모습이 유별나다. 천남성은 마치 검은 두건을 쓴 수도승처럼 고요하게 서 있고, 그 안에 단단한 지팡이처럼 솟아오른 암수의 꽃이 자리한다. 사람에 따라선 '코브라의 두건', 누군가는 '숲속의 초록 입상立像'이라 부르기도 한다.

천남성은 천남성과에 속하는 여러해살이풀로, 학명은 Arisaema Amurense Maxim이다. 우리나라 전역의 산과 숲에 널리 분포하며, 특히 낙엽활엽수림 하층의 반쯤 그늘진 곳에서 잘 자란다. 키는 대체로 30~60cm에 이르고, 잎은 보통 두 장이 마주나거나 하나씩 갈라지며 손바닥처럼 펼쳐진다. 꽃은 5월경 줄기 끝에 한 송이씩 피는데, 보통 꽃이라고 떠올리는 형상과는 다르다. 녹색 또는 자줏빛의 덮개처럼 생긴 "불염포佛焰苞"가 꽃을 감싸고 있고, 그 안에는 봉처럼 생긴 "육수肉穗花序"가 솟아 있다. 윗부분은 앞으로 꼬부라지며 길이는 5~6cm이다.

이 식물의 독특한 점은 생김새만이 아니다. 천남성은 일생 동안 성을 바꾸는 식물이다. 어린 개체는 대개 수꽃을 먼저 피우고, 생장과 더불어 어느 시점이 되면 암꽃으로 전환된다. 그 선택은 환경과 영양 상태에 따라 달라진다. 영양이 풍부한 해에는 암꽃으로, 그렇지 않으면 수꽃으로 남는다. 하나의 식물 안에서 수컷에서 암컷으로, 또는 그 반대로의 전환이 일어나는 이 자연의 유연성은 경이롭다. 이 식물은 절대 서두르지 않는다. 오히려 상황을 지켜보며 가장 적절한 형태로 조용히 존재한다.

천남성의 꽃은 향기가 거의 없고, 곤충을 끌어들이는 데에 시각적 전략을 더 많이 사용한다. 뚜렷한 무늬와 유려한 곡선의 불염포는 작은 곤충들의 이목을 끌고, 내부에 들어온 곤충은 출구가 막힌 구조 안에서 꽃가루를 옮긴다. 수분을 끝낸 후에야 출구가 열려 그들을 내보낸다. 일종의 일시적 가두기 전략이다. 그 안에서 일어나는 자연의 작고 정교한 메커니즘은 마치 보이지 않는 극장을 연상케 한다.

천남성의 생애는 수년에서 수십 년에 이르며, 지하에 감춰진 덩이줄기를 통해 해마다 다시 살아난다. 땅 위로 드러나는 것은 꽃과 잎뿐이지만, 진짜 생명은 땅 아래에서 축적된다. 수많은 계절을 견디

천남성(학명 : Arisaema amurense Maxim)

며 단단해진 알뿌리 속에서, 이 식물은 언제든 다시 피어날 준비를 하고 있다.

이름의 의미도 흥미롭다. '천남성天南星'이라는 이름은 한약명에서 비롯된 것으로, 문자 그대로 풀이하면 '하늘의 남쪽에 떠 있는 별'이라는 뜻을 품고 있다. 쉽게 닿을 수 없고, 늘 시야에 들어오지도 않지만 분명 그 자리에 존재하는 별처럼, 천남성 역시 숲속 깊은 곳에서 조용히 자신의 자리를 지킨다. 희귀하고 신비로운 존재라는 인식은 이 이름 속에 오래전부터 새겨져 있었던 셈이다.

실제로 이 식물은 전초에 강한 독성을 지니고 있다. 생식기로 섭취할 경우 인후에 극심한 자극을 주어 염증을 일으키고, 구토나 호흡곤란, 심할 경우 마비 증상까지 동반할 수 있다. 그래서 천남성은 함부로 다뤄서는 안 되는 식물로 분류되며, 반드시 법제法製라는 까다로운 가공 과정을 거쳐야만 약재로 쓰일 수 있다. 이 과정은 독성을 누그러뜨리고 효능을 끌어내는 일종의 '정화'이자 '전환'의 시간이다. 위험을 품은 존재가 치유의 도구로 거듭나는 순간이기도 하다.

적절히 가공된 천남성은 한의학에서 진통, 거담, 소염 작용을 하는 귀한 약재로 사용되어 왔다. 몸속에 쌓인 담痰을 제거하고, 막힌 기운을 풀어 주며, 통증을 가라앉히는 데 도움을 준다고 전해진다. 천남성은 아름다움과 독, 생명과 방어, 치유와 위험이 동시에 깃든 식물이다. 이중적인 성질은 천남성을 단순한 야생화가 아닌, 경계에 서 있는 존재로 만든다.

천남성은 대체로 혼자 피어난다. 화려한 군락을 이루거나 시선을 끌기 위해 경쟁하지 않는다. 짙은 녹음이 드리운 숲속, 수많은 초록이 겹겹이 쌓인 그늘 아래에서, 유독 곧게 뻗은 직선의 형태로 서 있다. 장식적인 곡선 대신 단정한 구조, 과장 없는 자세. 그것은 마치 스스로를 드러내기보다 '존재함' 자체로 말하려는 듯하다. 주변에 섞이되 묻히지 않는 기운, 말없이 뿜어내는 단단함이 있다.

흔히 볼 수 있는 식물은 아니다. 하지만 한 번 천남성을 알고 나면, 다시 숲을 걸을 때 그 모습을 외면하기는 어렵다. 무심히 지나쳤던 그늘 속에서, 조용히 그러나 분명하게 서 있는 하나의 생명이 눈에 들어오기 시작한다. 외로운 듯 보이지만 결코 약하지 않고, 주목받지 않지만 제 역할을 정확히 수행하는 존재. 천남성은 그렇게 숲의 음지에서 피고 선다.

산자고,
땅과 맞닿은 들꽃의 겸손

산자고는 봄이 시작되는 숲과 들판의 이른 아침, 땅에 바짝 붙어 조용히 얼굴을 내민다. 키는 작고 몸집도 여리지만, 그 작은 몸짓 속에는 자연과 한 몸이 된 듯한 깊은 겸손과 강인함이 깃들어 있다. 산자고는 화려한 꽃들이 세상을 가득 채우기 전, 소리 없이 봄의 문을 두드리는 첫 번째 자연의 목소리다.

땅바닥 가까이 낮게 드리운 산자고의 줄기와 잎은 세상의 번잡함과 멀리 떨어져, 오롯이 자연에 집중하는 듯하다. 그 겸손한 자세로 뿌리를 단단히 내리고, 바람결에 살랑이며 속삭이듯 피어나는 하얀 꽃잎은 자연의 순리와 생명의 신비를 전한다.

산자고의 생김새는 그 자체로 자연과 깊은 조화를 말해 준다. 화려하지도, 눈에 띄지도 않는 땅과 가까운 자리에서 묵묵히 생명을 이어가는 모습은 마치 자연이 빚어낸 작은 기적 같다.

이 꽃은 햇살이 적당히 드는 산록과 숲 가장자리, 그리고 습기가 조금 있는 토양에서 자란다. 비교적 척박한 환경에서도 자신의 자리를 지키며, 그 속에서 봄의 소리를 가장 먼저 들려준다.

산자고가 피어있는 자리에는 늘 고요함이 감돈다. 화려한 다른 꽃들에 비해 눈길을 덜 받지만, 그 소박함과 낮은 자세가 오히려 더 큰 울림을 만든다. 이 겸손한 들꽃은 우리에게 삶의 본질, 즉 '겸손 속에서 피어나는 진정한 아름다움'을 생각하게 한다.

산자고는 자연 속에서 가장 낮은 자리, 땅과 맞닿아 조용히 피어난다. 그 모습은 세상의 번잡함과 화려함에서 한 발 떨어져, 자신만의 온전한 공간을 지키는 겸손한 존재로 비유된다. 문학에서 산자고는 주로 '겸손', '소박함', '내면의 아름다움'의 상징으로 자주 등장한다.

산자고(학명: Tulipa edulis)

산자고가 땅에 바짝 붙어 피는 모습은 자신의 위치를 정확히 인지하고 그 안에서 빛나는 법을 아는 삶의 태도를 상징한다. 화려함에 휘둘리지 않고, 자신이 머무는 자리를 사랑하며 그 안에서 최선을 다하는 존재감을 문학적으로 표현하는데 산자고가 자주 사용된다.

산자고는 자연의 일부로서 땅과 바람, 햇살과 교감하는 겸손한 존재다. 이런 모습은 인간과 자연의 조화, 그리고 삶의 근원적인 연결성을 이야기할 때 문학 속 메타포로 쓰인다. 땅과 닿아 있지만 그 속에서 더욱 크게 피어나는 생명력은 내면의 깊은 힘을 은유한다.

또한 산자고는 화려한 꽃들과 달리 눈에 잘 띄지 않지만, 소박함 속에 숨겨진 강인함을 상징한다. 시나 산문에서 산자고는 종종 시련 속에서도 꿋꿋이 자신의 빛을 잃지 않는 인물이나 감정을 표현하는 데 쓰인다.

봄날의 산책길에서 산자고를 만나는 일은 유난히 특별하다. 작은 꽃잎 하나하나를 가만히 들여다보면, 자연이 빚어낸 섬세한 조화와 생명의 강인함이 고스란히 전해진다.

산자고는 봄의 겸손한 전령사로서, 낮은 자리에서 묵묵히 계절의 도래를 알린다. 그 작은 꽃잎 안에 담긴 자연의 섭리와 끈질긴 생명력은 우리에게 진정한 겸손과 깊은 아름다움이 무엇인지를 일깨워 준다.

금잔옥대,
고결하며 은은한 향이 일품인 수선화

금잔옥대는 수선화의 일종으로 '금잔옥대 수선화'라고도 불린다. 마치 황금빛 잔을 옥으로 만든 받침 위에 올려놓은 듯한 자태는 고귀하면서도 묘한 신비를 품고 있다. 빛을 머금은 노란 꽃잎과 투명한 연녹색 잎이 어우러져, 자연이 정성껏 빚어낸 하나의 보석처럼 다가온다.

12월에서 3월 사이, 이른 봄의 기운이 숲속의 낙엽을 조금씩 걷어내면 그 아래에서 금잔옥대가 모습을 드러낸다. 금잔옥대는 수선화과에 속하는 여러해살이 알뿌리 식물로, 꽃은 작고 앙증맞다. 길고 가느다란 꽃대 끝에 하나씩 피어나며, 꽃받침과 꽃잎은 각각 6장으로 이루어져 있다. 은은한 향기를 풍기는 것도 특징이다.

자생지는 주로 제주도와 남부 해안 지역에서 잘 자란다. 특히 산림의 낙엽활엽수림 하부, 즉 키 큰 나무들이 만들어주는 반그늘에서 잘 자란다. 제주도에서는 길가나 돌담 아래에서도 자라며, '몰마농'

금잔옥대(학명: Narcissus tazetta var. chinensis)

이라 불리는 제주 토종 수선화와 함께 봄에 피어난다. 추사 김정희가 제주 유배 시절, 이 꽃을 가까이하며 그림으로도 남기고 시로도 예찬했을 만큼 고결하고 청아한 자태를 지닌 것으로 유명하다.

잎은 좁고 긴 줄 모양으로 끝이 뭉툭하며, 녹색 기운을 띤 흰색을 띤다. 여러 장의 잎이 뿌리에서 모여 돋아나고, 늦가을부터 자라기 시작해 꽃이 핀 뒤에도 시들지 않고 그대로 유지된다. 잎 사이에서는 꽃대가 올라와 아름다운 흰색 꽃잎과 노란 술잔 모양의 부화관을 피워내는 것이 특징이다. 생육 초기에는 잎이 지면에 바짝 붙어 있지만, 시간이 지나면서 점차 키를 세워 햇빛을 더 가까이 끌어당긴다. 땅속에는 작은 양파나 마늘을 닮은 둥근 형태의 알뿌리(비늘줄기)가 있다.

무엇보다 금잔옥대는 이름이 주는 인상처럼, 지극히 한국적인 미감을 품고 있다. 고운 이름 속에 담긴 선비의 정신과, 숲속에서 살아남기 위한 식물의 절제된 생명력이 조화되어 있다. '금잔'은 꽃의 화려함을, '옥대'는 그 아래 받쳐주는 생명의 기틀을 상징한다.

꽃이 피는 시기, 숲에는 아직 나뭇잎이 완전히 나지 않아 햇살이 부드럽게 바닥까지 스며든다. 이 짧은 틈을 놓치지 않고 금잔옥대는 빠르게 꽃을 피운다. 그러나 그것은 눈에 띄지 않는 방식이다. 튀지 않고, 군락을 이루어도 조용하며, 스스로를 감추는 듯한 겸손이 느껴진다.

과거에는 약초로 쓰이기도 했으나, 현재는 자생지 보호와 멸종위기 우려로 인해 채취가 금지되거나 자제되고 있다. 그만큼 희귀하고, 또 귀한 존재다. 일부 지역에서는 금잔옥대가 피는 시기를 알리기 위해 조심스럽게 산길을 개방하는데, 사람들은 무심히 걷다 그 자그마한 꽃을 발견하면, 잠시 걸음을 멈추고 숨을 고르듯 바라보게 된다.

금잔옥대의 꽃말은 자기 사랑, 자존심, 고결, 신비, 자아도취 등으로, 겨울철 눈 속에서도 피어나는 아름다움과 그 모습에서 연상되는 뜻을 담고 있다.

괭이눈,
숲속 바닥을 수놓는 작은 눈망울

숲이 아직 회색 그림자를 걷어내기 전, 부드러운 햇살이 스며들기 시작할 무렵, 땅 가까운 곳에서 가만히 피어나는 것이 있다. 나무들도 아직 본격적으로 잎을 틔우지 않은 시기, 풀잎도 온전히 자라나지 못한 초입에, 바닥에서 별처럼 돋는 작은 꽃. 그것이 괭이눈이다.

'괭이눈'이라는 다소 특이한 이름은 그 잎의 모양이 고양이의 눈을 닮았다고 하여 붙여졌지만, 실제로 들여다보면 그보다 훨씬 더 다정하고 섬세한 생김새다. 자세히 보지 않으면 그 존재조차 알아채기 어려운 작은 생명, 그러나 들여다보는 이에게는 숲속에서 가장 먼저 인사하는 별빛 같은 존재가 된다.

범의귀과에 속하는 다년생 초본식물인 괭이눈은 주로 숲속의 계곡 주변, 습하고 반그늘진 곳에 자생한다. 이른 봄, 찬바람이 채 가시지 않은 시기에 연한 연둣빛 잎을 펼치며, 그 중심에 노랗게 물든 작은 구조물을 띄운다. 꽃잎은 없다. 우리가 꽃이라 부르는 그 부분은 사실 '포엽', 즉 꽃을 감싸던 잎이 변형된 것이다. 그 위에 짧게 솟아 오른 수술과 암술이 나란히 서 있고, 네 갈래로 갈라진 꽃받침이 그 섬세한 균형을 떠받든다. 숫자로 보자면 꽃받침잎 네 장, 수술 여덟 개, 암술 두 개. 이 작은 꽃 하나는 자연이 조용히 만들어낸 기하학적 조형물이며, 단정한 수식으로 쓰인 봄의 수학식이기도 하다.

괭이눈은 수분보다는 무성번식에 가까운 방식을 택한다. 곤충을 유인할 만한 화려한 색도, 널리 퍼질 향기도 없기에, 대신 땅속에서 옆으로 퍼지는 지하줄기로 번식하며 자신들의 세계를 넓힌다. 그 방식은 조용하고, 그러나 은밀하게 확실하다. 줄기는 높지 않지만, 군락을 이루면 숲의 바닥을 부드러운 녹색 이끼처럼 덮어내는 힘이 있다.

그들의 존재는 자그마하고 낮은 곳에 머물지만, 계절이 움직인다는 가장 정확한 신호이기도 하다. 눈이 녹은 흙 위로 올라오는 첫 생명, 아직은 말 없는 숲의 가장 낮은 위치에서 봄을 가장 먼저 열어젖히는 식물. 괭이눈은 짧은 시간 동안 피고, 빠르게 자취를 감춘다. 3월에서 4월, 길어야 초여름 전까지. 그들은 한때 이 땅 위에 있었다는 흔적만 남긴 채 지상부를 말리고 사라진다. 여름이 되면 그늘조차 넘실대는 숲의 땅 아래로 조용히 물러난다. 존재를 드러내는 시기조차도 철저히 제한된 잠깐의 생.

하지만 이 짧은 생애 속에서도 그들은 충실하게, 정확하게 자기 자리를 살아낸다. 이끼 사이, 낙엽 사이, 수분 머금은 돌 틈에서 피어난 작은 잎 하나가, 꽃 하나가 보여주는 건 꾸준함이며 절제다. 화려하지 않고, 강요하지 않으며, 자극적이지 않지만, 그래서 오히려 더 깊이 다가온다. 괭이눈은 숲이 써 내려간 각주처럼, 아무도 관심을 두지 않는 페이지의 구석에 자리한 존재다. 비록 눈에 잘 띄지 않지만, 그것이 있어야만 봄이라는 책의 문장이 온전히 완성된다. 그렇게 괭이눈은 봄을 이루는 데 없어서는 안 될 작은 주석 같은 꽃이다.

화려한 봄꽃들 사이에 섞여 있어 눈에 잘 띄지 않지만, 봄이라는 계절은 이런 조용한 생명들의 움직임이 모여 이루어진다. 괭이눈은 숲 바닥 가까운 곳에서 아주 작은 모습으로 피어나, 봄이 이미 시작되었음을 가장 먼저 알려준다. 크기도 작고 색도 옅지만, 그 생명의 방식만큼은 누구보다 솔직하고 정직하다.

괭이눈(학명: Chrysosplenium grayanum)

족두리풀,
땅속 그림자가 피워낸 기묘한 꽃

봄의 들머리에, 사람들은 먼저 피어나는 꽃들을 따라 시선을 위로 향하게 된다. 가지 끝에 핀 개나리, 언 땅을 뚫고 솟아오른 복수초, 연보랏빛 제비꽃이 보는 이의 마음을 들뜨게 한다. 그러나 그 모든 생동의 향연이 펼쳐지는 가운데, 아무도 눈길 주지 않는 아래쪽, 사람의 발길이 닿지 않는 숲 그늘 깊숙한 곳에 무릎을 꿇고 엎드려야만 겨우 그 모습을 볼 수 있는 꽃이 있다. 그것이 바로 족두리풀이다.

족두리풀은 이름부터 낯설고 어딘지 서늘하다. 그 생김새는 더욱 기묘하여, 처음 마주한 사람은 대개 당황하거나 흠칫 놀라곤 한다. 꽃은 보랏빛과 갈색이 뒤섞인 탁한 색조를 띠며, 땅 가까이 몸을 낮춘 채 피어 있다. 그 모습은 마치 주저앉은 방울처럼 보이기도 하고, 오래된 동굴의 입구처럼도 보인다. 이름은 조선시대 여인들이 쓰던 작은 관모, '족두리'에서 유래했지만, 실제 꽃의 형상은 그보다 더 고요하고 어둡다. 어쩌면 '풀'이라는 단어조차 어색하게 느껴질 만큼 이 식물은 꽃의 통념에서 멀찍이 떨어져 있는 존재다.

족두리풀을 만나려면, 먼저 몸을 낮춰야 한다. 겸손한 시선을 가져야만 이 꽃은 모습을 드러낸다. 낙엽 밑, 습한 바위 근처, 빽빽한 그늘 아래에서 족두리풀은 혼자만의 시간을 살아가고 있다. 사람들에게 보이기 위한 삶이 아니라, 제 생을 조용히 완성해 가는 삶. 아무도 그를 찬미하지 않아도 괜찮은 듯, 족두리풀은 침묵 속에서 피고 지기를 반복한다.

이 꽃은 겉모습만으로 판단할 수 없는 식물이다. 이른 봄, 뿌리에서 올라온 잎은 둥글고 두툼하며, 꽃은 잎보다 먼저 혹은 거의 동시에 핀다. 그러나 그 위치가 독특하다. 줄기 아랫부분, 거의 지면에 붙어 피어 있기 때문에 제대로 관찰하지 않으면 잎만 보고 지나치기 쉽다. 꽃잎처럼 보이는 것도 사실은 꽃덮이(꽃받침)이며, 진짜 꽃잎은 없다. 형태마저 낯설고 관습을 벗어나 있는 족두리풀은 우리에게 묻는다.

"꽃이란 무엇인가요? 아름다워야만 꽃인가요?"

그 질문 앞에 우리는 머뭇거리게 된다. 그리고 곧 깨닫는다. 족두리풀은 화려함을 내려놓음으로써 오히려 꽃의 본질에 가까이 다가간 존재라는 것을. 피어난 이유조차, 살아가는 방식조차 남의 시선을 고려하지 않은 절대적인 생명. 그래서 족두리풀은 더 이상 '특이한 꽃'이 아니라, '자기다운 꽃'으로 보이기 시작한다.

생태적으로도 족두리풀은 흥미롭다. 이 식물은 곤충에 의해 수분

되지만, 꽃의 위치가 낮아 땅 위를 기어다니는 개미나 곤충들에 의존한다. 꽃의 어두운색은 썩은 냄새를 풍기는 사체와 유사한 전략을 취해 일부 곤충을 유인하고, 안쪽 깊숙한 곳에 있는 수술과 암술은 작은 생명들을 위해 세심하게 준비되어 있다. 빛이 닿지 않는 그늘에서 이뤄지는 정묘한 생명 교환. 세상의 중심이 아닌 변두리에서 족두리풀은 조용히 종을 잇는다.

이 꽃을 볼 때마다 인간 존재의 또 다른 측면을 본다. 화려한 말과 모습으로 세상을 끌어안는 사람들도 있지만, 아무 말 없이 자신만의 방식으로 살아가는 이들이 있다. 주목받지 않더라도 자신을 잃지 않고, 타인의 환호에 기대지 않아도 단단한 이들. 족두리풀은 바로 그런 존재다.

꽃들이 손짓하는 방향만 좇지 않고, 가끔은 발밑을 살피고 숲의 그

족두리풀(학명: Asarum sieboldii Miq.)꽃.

림자를 들여다본다. 바쁜 봄날에 흥청거림 속에서도, 조용히 자신의 계절을 살아가는 존재가 있음을 기억하기 위해서다. 그 존재는 말없이 우리에게 가르쳐준다. 봄이란 빛으로만 오는 것이 아니라, 그늘 속에서도 충분히 도달할 수 있는 시간이라는 것을.

언제나 들꽃은 말이 없다. 그러나 괭이눈이 '나는 여기 있어요'라고 속삭이는 꽃이라면, 족두리풀은 '굳이 말하지 않아도 괜찮아요'라고 말하는 꽃이다. 세상 모든 말 없는 생명들이 이 봄에도 조용히 피어나는 동안, 이제 조금 더 낮은 시선으로 세상을 본다. 그리고 그 시선 끝에 다시 족두리풀이 있다. 작은 관모를 눌러쓰고, 조용히 고개를 숙인 채. 마치 모든 생명이 그렇게 살아가도 된다고, 살며시 말해주는 것처럼.

보춘화,
그늘아래 피어나는 고요한 기품

보춘화報春花는 '봄을 알리는 꽃'이라는 뜻을 가진 이름이다. 봄이 왔다고 말하는 이는 많지만, 봄을 '먼저' 느끼고, '먼저' 피어나는 야생화는 드물다. 긴 겨울의 숨을 헤치고, 땅 아래에서 온기를 감지하고, 남보다 앞서 꽃을 피워 계절의 전환을 알리는 이, 그런 식물에 주어진 이름이 보춘화다.

보춘화는 우리가 흔히 말하는 '춘란春蘭'의 또 다른 이름이다. 그러나 단지 봄에 피어난다는 이유로 붙여진 별칭은 아니다. 보춘화는 찬 기운이 가시기 무섭게 가장 먼저 꽃대를 세우고, 모든 생명이 움트기 전에 그 조용한 기운을 몸으로 전한다.

보춘화는 난초과의 다년생 식물로, 학명은 Cymbidium goeringii 이다. 한국, 중국, 일본 등 동아시아의 산지에 자생하며, 해발 100~600m 내외의 낙엽활엽수림 그늘진 경사면, 특히 북사면에 잘 자란다. 겨울에도 푸른 잎을 지닌 채 숨죽이고 있다가, 3월에서 4월 사이, 나뭇잎이 채 돋아나기 전에 꽃을 피운다. 이 시기가 되면 어두운 산림 바닥에서 녹색의 줄기 하나가 조용히 고개를 든다. 그 끝에 달린 꽃은 연한 녹황색 혹은 옅은 갈색을 띠며, 언뜻 보면 낙엽이나 풀잎 사이에 숨은 것처럼 보인다. 하지만 가까이 다가가면 특유의 맑고 은은한 향이 먼저 다가온다.

보춘화의 향은 절대 강하지 않다. 오히려 금방이라도 날아갈 듯 연약하고, 맡고 나면 마음 깊이 가라앉는 듯한 여운을 남긴다. 이 꽃의 향기를 맡는다는 것은 단순히 냄새를 느끼는 일이 아니라, 어떤 정적인 순간을 통과하는 것과도 같다. 숲의 시간을 통째로 들이마시는 듯한 그 향기는 고요하고도 신성하다.

한 송이 보춘화는 많아야 두세 개의 꽃을 달고, 짧은 시간 피었다

보춘화(학명: Cymbidium goeringii REICHB. fil)

가 시든다. 생애는 짧고, 그 존재는 은밀하다. 그러나 그 짧은 피어남을 위해 이 꽃은 1년 내내 푸른 잎을 지켜낸다. 진한 햇살도, 매서운 바람도 이겨내며 오직 '봄의 한순간'을 위해 스스로를 가꿔가는 것이다.

보춘화는 한때 산과 들에 흔했다. 특히 전남 해남과 강진, 지리산 자락, 충청도의 깊은 산자락, 경북 봉화와 강원도 태백 산악지대 등에는 자생지가 넓게 분포해 있었다. 그러나 20세기 중후반, 보춘화는 '귀한 난초'라는 이름 아래 무분별하게 채취되었다. 값비싼 원예종으로 취급되며, '일란일화一蘭一花'라 하여 단 한 송이의 꽃을 피우는 고귀함이 상업적 탐욕의 대상이 된 것이다.

그 결과 오늘날 보춘화는 환경부 지정 멸종위기 야생식물 2급으로 보호받는다. 다행히 국립공원 내 일부 지역이나 사찰림에서는 여전히 자생 군락이 남아 있다. 그러나 이제는 그것을 '발견'하기보다, '존재를 기억'하고 '보존'을 먼저 이야기해야 할 시기다. 보춘화는 사람의 관심이 적을수록, 오히려 그 생명을 잘 지켜낼 수 있는 식물이다.

보춘화는 예로부터 높은 평가를 받아온 꽃이다. 조선의 문인들은 이를 '은자의 꽃'이라 불렀고, 중국의 시인 도연명 역시 난초는 사람들 곁에 피지 않고 깊은 골짜기에서 은은한 향기로 존재한다고 노래했다. 보춘화는 바로 그런 속성을 지닌 꽃이다. 스스로를 드러낼 필요 없이 존재만으로 의미를 가지며, 누구보다 먼저 피어나지만 결코 자랑하지 않는다. 이러한 고고한 기품이 난초의 미학이자 보춘화가 지닌 정신이다.

광대나물,
바람에 하늘거리는 어릿광대

광대나물은 꿀풀과에 속하는 두해살이풀이다. 눈이 채 녹지 않은 들판 가장자리, 길가 옆의 황량한 빈터, 사람들의 발길이 닿는 아무렇지도 않은 땅 한 귀퉁이에서 가장 먼저 생명을 틔우는 꽃이다. 연보랏빛 꽃잎은 입술 모양을 하고 있으며, 위쪽 꽃잎은 투구처럼 솟아 있고, 아래쪽 꽃잎은 벌과 나비를 맞이하듯 벌어져 있다. 잎은 반원형으로 2개가 붙어서 줄기를 둘러쌓고 잎 밑부분이 줄기를 둘러싸고 있다. 작지만 정교한 꽃 모양은 마치 무대 위에서 우스꽝스러운 모자를 쓰고 익살스러운 표정을 짓는 광대를 닮았다 하여 '광대나물'이라는 이름을 얻게 되었다.

광대나물은 양지바른 풀밭에서 잘 자라며, 저온기에도 생육할 수 있는 생활사 전략을 통해 이른 봄 먼저 개화하는 식물 중 하나다. 종자는 가을에 발아해 지표 가까이에 로제트 잎을 형성한 뒤 겨울을

난다. 이 로제트 구조는 지면과의 접촉을 통해 열 손실을 줄이고, 일조량이 한정된 겨울철에도 광합성 효율을 확보하도록 돕는다. 기온이 서서히 오르기 시작하면 식물은 빠르게 생장하며 꽃대를 올리고, 2~4월 사이에 개화기 집중된다. 남부 지역에서는 더 이른 시기인 1월에도 개화를 관찰할 수 있다.

이러한 조기 개화 전략은 경쟁이 적은 시기에 꽃가루 매개자를 확보하기 위한 생태적 이점으로 작용한다.

광대나물의 군락 형성은 대부분 교란이 잦은 서식지와 밀접하게 연관된다. 밭두렁, 논 가장자리, 도로변, 공터, 잔디 사이 등 인위적 활동이 빈번한 장소에서 광대나물은 기회를 잡는다. 토양 비옥도가 높지 않아도 생육할 수 있으며, 다른 초본들보다 빠르게 싹을 틔우고 수꽃·씨앗 생산을 완료하기 때문에 교란 후 초기 천이 단계에서 우점하는 경우가 많다.

또한 작은 체구에 비해 종자 생산량이 많아 주변 토양씨은행(Seed Bank)에 쉽게 축적되고, 이에 따라 매년 특정 지역에서 반복적·주기적 군락이 형성된다.

광대나물은 들판의 주요 꿀 공급원은 아니지만, 이른 봄에 활동을 시작하는 벌류와 작은 곤충들에게는 초기 먹이원 역할을 한다. 이는 곤충 개체군의 초기 유지와도 연결되어 주변 생태계에 간접적인 기여를 한다. 다만 열적 조건과 습도에 민감해, 기온이 빠르게 상승하거나 경쟁 식물이 늘어나는 늦봄 이후에는 군락 규모가 급격히 줄어들며 생육을 마친다.

이렇듯 광대나물의 꽃이 피는 시기와 군락지는 단순히 '일찍 피는 잡초'라는 인상을 넘어, 저온 적응·교란지 점유·초기 천이 참여라는 생태적 전략이 복합적으로 작동한 결과다. 작고 소박한 풀 한 포기지만, 생태계 속에서 자리 잡는 방식은 결코 단순하지 않다.

광대나물은 흔히 길가, 밭둑, 공터, 묵밭 등지에서 자란다. 사람들의 시선과 관심에서 한 걸음 비켜난 땅, 아무도 꽃씨를 뿌리지 않았고, 일부러 가꾼 적도 없는 곳에 홀연히 모습을 드러낸다. 겨울의 끝자락, 땅이 채 녹지 않았을 때도 얼었던 뿌리에서 새순이 솟고, 이른 봄이면 보랏빛 꽃잎이 촘촘히 피어난다. 대체로 군락을 이루어 피기 때문에 아무도 돌보지 않은 들판 한 귀퉁이가 온통 연보랏빛 융단처럼 펼쳐지기도 한다.

대부분의 들꽃이 아직 겨울잠을 자고 있을 시기, 광대나물은 벌써

광대나물(학명: Lamium amplexicaule L.)

땅을 뚫고 올라와 2월 말에서 4월 사이에 활짝 핀다. 따뜻한 남부 지방에서는 1월부터 꽃을 볼 수 있고, 중부와 북부 지방에서는 3월 무렵이 되면 가장 흔하게 만나볼 수 있다.

광대나물이 신댁하는 군락지는 그리 특별하지 않다. 사람의 손길이 닿은 곳이라면 어디든 가벼운 몸짓으로 자리를 잡는다. 밭두렁, 논두렁, 도로변의 잔디 사이, 공터의 흙바닥까지 햇볕만 어느 정도 들고 경쟁이 심하지 않은 곳이면 작은 군락을 이루어 퍼져나간다. 때로는 겨울을 견디기 위해 땅바닥에 바싹 붙은 잎을 둥글게 펼치고 있다가, 기온이 오르면 순식간에 키를 높여 연한 꽃대를 올린다. 그 모습은 변두리의 허름한 공간에도 봄을 놓치지 않겠다는 작은 생명의 의지처럼 느껴진다.

또한 광대나물은 민간에서 '보드레한 나물'로도 알려져 있다. 어린 순은 데쳐서 나물로 무치기도 하고, 건조해 약용하기도 했다. 한방에서는 이 식물이 이뇨와 해열에 효과가 있다고 보았다. 이름은 우습지만, 효능은 결코 가볍지 않다. 생명은, 언제나 겉으로 드러난 것보다 훨씬 깊고 단단한 법이다.

도심에서도, 들판에서도, 인간의 경작지에서도 광대나물은 늘 비슷한 자리에, 비슷한 속도로 찾아온다. 화려하지 않은 꽃이지만, 이 짧은 계절에 누구보다 먼저 봄을 노래하는 존재다. 햇빛을 머금은 작은 보랏빛 군락은 겨울의 끝자락을 붙잡고 있는 이들에게 조용한 미소처럼 다가온다. 따뜻해지는 계절의 문턱에서, 광대나물은 매년 잊지 않고 가장 먼저 피어 우리에게 새 계절의 시작을 알려준다.

처녀치마,
봄 산골에서 펼쳐지는 고요한 붉은 물결

처녀치마. 그 이름부터가 다소곳하고 수줍다. 봄 산의 그늘진 골짜기에 물기를 머금은 바위틈 사이로 연둣빛 잎이 넓게 퍼진다. 마치 조심스레 펼쳐놓은 고운 치맛자락 같다. 꽃이 피기도 전에 사람들은 먼저 그 잎의 형상에 눈길을 빼앗긴다. 이른 봄, 아직 앙상한 가지들 사이로 조용히 번져가는 푸름. 그 푸름은 무성하거나 드세지 않고, 투명한 물빛처럼 나직하게 퍼진다. '처녀치마'라는 이름은 이 식물의 넓고 부드러운 잎이 옛날 처녀들이 입던 폭이 넓은 치맛자락을 닮았다고 해서 붙여졌다. 무명 저고리 아래 수줍게 드리운 치마, 바람 한 점에도 살랑이던 그 시절의 정서가 고스란히 담겨 있다.

생육환경은 습지와 물기가 많은 곳에서 주로 서식한다. 키는 10~30㎝이고, 잎은 길이가 6~20㎝이고 둥근 방석처럼 둥글게 퍼지고 윤기가 많이 나며 끝이 뾰족하다.

꽃은 그보다 한참 후에 핀다. 잎보다 훨씬 높게 길쭉하게 올라온 꽃대 끝에 붉은빛이 도는 자줏빛 작은 꽃들이 옹기종기 모여 핀다. 조심스레 피어오른 그 모습은 화려함보다는 단정하고 고요한 기품을 품는다. 누군가는 이 꽃을 보고 '숨죽여 피는 정결함'이라 말하기도 했다. 잎은 땅에 퍼졌지만, 꽃은 하늘을 향해 맑고 단단하게 피어난다. 눈에 띄지 않지만 한 번 눈에 들면 쉽게 잊히지 않는 존재감, 그것이 바로 처녀치마다.

처녀치마는 전국 산지에서 자라는 숙근성 다년생 초본이다. 백합과에 속하는 여러해살이 식물로, 우리나라 전국의 숲속 그늘진 곳에 자생한다. 땅속에는 짧은 뿌리줄기가 있어 해마다 다시 잎과 꽃을 내민다. 꽃은 보통 4월에서 6월 사이, 초봄과 초여름의 경계 즈음에 피어나는데, 마치 기다릴 줄 아는 식물처럼 봄의 모든 분주함이 가

'절제'라는 꽃말을 가진 처녀치마(학명: Heloniopsis koreana Fuse & al.)

신 뒤 조용히 그 존재를 드러낸다. 꽃이 필 때 꽃대는 작지만, 꽃이 질 때쯤에는 길이가 원래보다 1.5~2배 정도 자라 있다. 열매는 8월 경에 길이가 약 0.5m로 배 모양으로 달린다.

예부터 처녀치마는 사람들에게 단순한 야생화가 아니었다. 나물로도 이용되었고, 민간에서는 혈액순환을 돕고 피를 맑게 한다고 하여 약재로도 쓰였다. 그러나 무엇보다 이 식물은 우리 조상들의 미의식, 즉 '절제된 아름다움'과 맞닿아 있다. 화려하지 않고, 오히려 은근하고 깊은 아름다움. 누추하지 않지만 절제되고, 뽐내지 않지만 귀한 것. 그래서 이 꽃은 '정결'과 '순수'의 상징이 되기도 했다. 이름에 담긴 정조의 의미 때문인지, 또는 그 잎과 꽃이 전하는 단아함 때문인지, 문학과 예술 속에서도 처녀치마는 곧잘 '그리움'이나 '첫사랑'의 이미지로 등장하곤 한다.

하지만 요즘 우리는 이 조용한 들꽃을 만나기 점점 더 어려워졌다. 서식지는 줄어들고, 자생지는 산림 개발과 도로 개설, 인위적인 조경에 밀려 점점 사라져 간다. 어릴 적 산골에서 쉽게 보이던 처녀치마가 이제는 특정 보호구역에서나 겨우 마주할 수 있는 희귀한 존재가 된 것이다. 조용한 생명은 늘 먼저 사라진다. 소리를 내지 않고, 아프다고 말하지 않으며, 누구에게 들키지 않게 땅속으로 스러져 간다. 그것이 꽃의 방식이고, 야생의 숙명이기도 하다.

모데미풀,
비밀스럽게 피어난 생명의 자취

모데미풀은 낯선 이름이다. 흔히 들을 수 있는 야생화 이름들인 민들레, 제비꽃, 노루귀처럼 익숙하지 않다. 하지만, 이 이름을 한 번 듣고 나면, 쉽게 마음에서 사라지지 않는다. 부드럽고 조용하며, 어딘가 안쓰러운 기운이 감돈다. 모데미풀, 그 어감은 마치 오래된 슬픔 하나를 껴안고 피어난 풀잎 같다.

이 꽃은 봄이 채 오기 전, 겨울의 흔적이 아직 남아 있는 계곡 어귀, 그늘지고 축축한 습지에 조용히 모습을 드러낸다. 나무들의 가지는 아직 마른 채로 하늘을 향해 삐죽삐죽 솟아 있고, 산비탈의 낙엽은 눅눅하게 썩어가고 있다. 그런 곳에서 모데미풀은 망설이듯 꽃을 피운다. 땅을 뚫고 올라오는 그 여린 줄기는 바람에라도 꺾일 듯 가늘고, 고개를 푹 숙인 꽃은 마치 세상을 정면으로 마주하기엔 아직 준비되지 않은 듯 보인다.

모데미풀(학명: Megaleranthis saniculifolia Ohwi)

모데미풀은 미나리아재빗과에 속하는 여러해살이풀로, 우리나라의 일부 지역, 특히 경북 포항 북구의 모데미골이라는 깊은 골짜기에서 처음 발견되었다. 그래서 그곳의 이름을 따 '모데미풀'이라 부르게 되었다. '모데미'는 순우리말로 '모퉁이'나 '구석진 곳'을 뜻하는 방언인데, 이름처럼 이 꽃은 깊고 외진 곳을 좋아한다. 햇살이 드물고, 물기가 많은 음습한 곳, 사람의 발길이 잘 닿지 않는 고요한 계곡 바닥. 다른 식물들이 살아가기 어려운 그늘진 공간을 모데미풀은 조용히 선택했다.

꽃은 보통 3월 말에서 4월 사이, 이른 봄에 피는데, 다른 봄꽃들이 막 피어나기 시작할 무렵이면 이미 모데미풀은 꽃을 피우고 있다. 하지만 누구도 쉽게 그것을 알아차리진 못한다. 꽃은 그리 크지 않고, 무엇보다 눈에 띄지 않는다. 고개를 숙인 채 땅을 내려다보고 있어서, 그 존재는 쉽게 드러나지 않는다. 마치 숨듯 피어난다. 그 꽃잎처럼 보이는 자줏빛 부분은 사실 꽃잎이 아니라 꽃받침이다. 진짜 꽃잎은 그 안쪽, 노란 수술에 가려져 있고, 더 작고 은밀하다. 그것은 마치 자신의 진짜 얼굴을 쉽게 보여주지 않겠다는 듯한, 한 겹 더 깊은 신비를 품고 있다.

모데미풀은 거의 사라져가고 있는 흔하지 않은 야생화다. 환경부 지정 멸종위기 식물 2급으로 지정되었고, 지금은 특정 보호구역에서만 제한적으로 자라고 있다. 개체수는 급감했고 자생지 역시 인간의 개발과 환경 변화로 크게 줄어들었다. 사람들은 희귀한 꽃이라 하면 모으고 싶어 하고, 직접 키워보겠다고 캐가기도 한다. 그러나 모데미풀은 결코 길들여지지 않는 식물이다. 그가 원하는 건 축축한 낙엽의 품, 햇빛이 비껴가는 음지, 그리고 인간의 손이 닿지 않는 고요함이다. 겉모습은 연약해 보이지만, 사실 그 삶의 조건은 까다롭고 고집스럽다. 모든 생명이 다 그렇듯 모데미풀 역시 자신의 자리를 알고 있고 자신의 시간을 안다. 그래서 억지로 옮기거나 길들이려 하면 금세 시들고 만다. 인간의 방식으론 이 꽃을 완전히 이해할 수 없다.

깊은 산어귀, 물소리와 바람 소리만이 스쳐 가는 침묵의 공간에 모데미풀은 그저 그곳에 있다. 아무에게나 보이기 위해 피는 것이 아니라, 그저 자신의 존재를 증명하기 위해 매년 같은 자리에 조용히 나타난다. 그리고 어느 날, 누구의 발길에도 밟히지 않은 운 좋은 사람 하나가 그를 발견한다. 마치 우연히 마주친 귀한 인연처럼, 모데미풀은 그렇게 봄의 한 가운데서 아무 말 없이 조용히 서 있다.

생태적으로도 모데미풀은 중요한 역할을 한다. 꽃이 진 뒤 여름이면 커다란 열매를 맺는데, 이는 산짐승들의 먹이가 되기도 한다. 열매는 성숙하면 선명한 붉은빛으로 익어 들짐승들의 시선을 끌고, 그 씨앗은 숲 이곳저곳으로 옮겨져 새로운 생명의 터전이 된다. 꽃, 잎, 열매, 모두가 숲의 조화 속에서 한 치의 낭비 없이 그 역할을 수행한다.

옛사람들은 이 꽃을 만나면 길하다고 여겼다. 산을 수없이 들어간 이조차도 평생 한 번 보기 어렵다는 모데미풀. 그렇기에 이 꽃을 만났을 때 사람들은 마치 숲이 내어준 귀한 비밀 하나를 들여다본 듯한 기분이 들었다. 모데미풀 앞에 서면 누구나 말수가 줄고, 마음이 고요해진다. 그 모습이 주는 정적과 기품은 한 점 번잡함 없이 순수하다.

자주괴불주머니,
봄 숲을 누비는 보랏빛 그림자

자주괴불주머니. 이름을 처음 들었을 땐 꽃이라기보다 어떤 옛 물건 같았다. 괴이할 '괴怪'에 불의 '불佛', 그리고 주머니. 알 수 없는 세계에서 불쑥 튀어나온 이름. 그러나 산길을 걷다 무심히 고개를 돌렸을 때, 숲 그늘에 모여 피어 있는 이 꽃을 마주하면 문득 이해가 간다. 이 기묘하고 낭만적인 이름은, 그 생김새와 기운을 가장 정확히 담고 있는 시어이기도 하다.

자주괴불주머니는 봄이 시작되고 얼마 지나지 않아 꽃을 피운다. 이른 4월부터 산기슭, 숲의 가장자리, 혹은 냇가 주변 습한 땅에서 무리 지어 올라온다. 흙이 아직 축축하고, 바람은 겨울의 향을 간직하고 있는 그때, 자주괴불주머니는 짙은 보랏빛 꽃을 조용히 피워낸다. 키는 20~40cm 정도이다. 줄기는 가늘고 유연하며, 가지를 치지 않고 줄기 끝에 많은 꽃이 이삭 모양으로 뭉쳐 핀다. 가지는 부드럽게 갈라져 잎과 꽃을 번갈아 번성하게 한다. 대롱 모양의 꽃은 한 쪽은 입술처럼 갈라져 있고 반대쪽은 닭의 발톱처럼 생겼다. 꽃의 길이는 1.5cm 안팎이고 붉은빛을 띤 보라색이다.

잎은 잘게 갈라져 섬세하고도 맑은 초록빛을 띠며, 마치 양치식물처럼 공기 속에 떠 있는 듯 가볍다.

자주괴불주머니는 주로 산지의 반쯤 그늘진 곳이나 계곡 주변, 숲 가장자리처럼 습기가 적당히 유지되는 환경에서 자라는 두해살이 또는 짧은 다년생 식물이다. 뿌리에서 나는 잎들이 무성하여 낮은 지면을 촘촘히 덮으며, 줄기에는 간격을 두고 어긋나게 잎이 달려 식물체 전체가 지나치게 그늘지지 않도록 한다.

잎은 2~3회 깃 모양으로 깊게 갈라져 있으며, 갈라진 조각들은 끝이 둥글고 쐐기 모양을 띤다. 이러한 섬세한 잎 구조는 숲속의 산들바람을 잘 흘려보내 바람 저항을 줄이고, 복잡한 단면을 통해 빛을 다양한 각도에서 받아들일 수 있게 한다. 잎 가장자리의 결각 모양 톱니는 빗물과 이슬이 잎 표면에 오래 머무르지 않도록 해 습한 환경에서 곰팡이나 병원균의 발생을 억제한다.

이른 봄, 주변 초본류가 본격적으로 자라기 전 자줏빛에서 연보랏빛 사이의 길쭉한 꽃이 피어나며, 특유의 긴 꽃부리가 '괴불주머니'를 닮아 이름의 유래가 되었다. 곤충들이 활동을 시작하는 시기와 꽃이 피는 시기가 맞물려 봄철 수분 매개자에게 중요한 자원이 되기도 한다.

자주괴불주머니는 이러한 생태적 적응을 바탕으로 숲속의 변덕스

자주괴불주머니(학명: Corydalis incisa (Thunb.) Pers.)

러운 빛과 습도 변화 속에서도 안정적으로 번식하며, 산지의 봄을 알리는 대표적인 야생화 중 하나로 자리하고 있다.

그러나 자주괴불주머니를 가장 돋보이게 하는 건 역시 그 이름의 어원이 된 '괴불' 같은 꽃 모양이다. 작은 꽃들이 줄기 끝에 송이송이 달리는데, 그 모양이 마치 어린아이의 주머니처럼 볼록하고 끝이 길게 튀어나온 형태를 하고 있다. 옛날 사람들은 이 특이한 꽃의 모양을 '괴불'이라 불렀다. 괴불이란, 스님들이 밤길을 밝히기 위해 들고 다니던 작은 불, 혹은 그것을 본떠 만든 민속놀이의 인형 같은 것을 뜻하는 말이다. 꽃의 끝부분이 뾰족하게 말린 그 기이한 형상이 마치 작은 불씨처럼 보였다.

특히 자주괴불주머니는 보라색과 자줏빛을 오가며 꽃잎에 깊이감을 주는데, 그 색조는 흔히 보는 봄꽃의 부드러운 파스텔과는 다르다. 어딘가 우울하고 그윽한 정서가 담겨 있다. 다른 꽃들이 태양을 향해 얼굴을 활짝 여는 반면, 자주괴불주머니는 옆으로 길게 흐르고, 머리를 숙이고, 숲속 그늘에 묻혀 피어난다. 이 꽃을 보고 '시인의 꽃'이라 부르던 어느 식물학자의 말이 떠오른다. 화려하게 피는 법을 모르는 대신, 조용히 숲의 기척에 귀 기울이는 그런 식물, 바람과 나뭇잎 사이의 침묵을 가득 안고 피어난 꽃.

자주괴불주머니는 생태적으로도 흥미롭다. 현호색과의 두해살이풀로, '현호색속'에 속한다. 괴불주머니는 이 속에 속한 식물들의 공통된 이름이기도 하며, 그 안에서 자주괴불주머니는 특히 색이 짙고 개화 시기가 이른 편에 속한다. 꿀을 함유한 긴 꽃부리는 일부 나비나 벌에게만 허락된 구조로, 곤충과의 밀접한 공진화를 보여주는 식물이다. 게다가 자가 수정을 피하고 반드시 곤충에 의한 수분을 통해 번식해야 하므로, 꽃의 구조와 곤충의 생태는 정교하게 연결되어 있다. 이는 생명의 정밀함이 얼마나 놀랍고도 치밀한지를 보여주는 한 단면이기도 하다.

한편, 이 꽃의 뿌리는 예부터 약용으로도 쓰였다. 혈액순환을 돕고 통증을 완화하는 효과가 있다는 민간 지식이 전해졌지만, 독성도 있기 때문에 무분별한 사용은 삼가야 한다. 그 생김새만큼이나 이중적인 속성을 지닌 꽃이다. 보기에 수줍고 조용하지만 그 안엔 단단한 생리적 논리와 생존의 전략이 깃들어 있다.

히어리,
봄빛을 두드리는 노란 종의 속삭임

겨울잠에서 채 깨어나지 못한 이른 봄, 숲속 공기 사이로 노란 종소리가 울린다면 아마 그것은 나뭇가지 끝에 주렁주렁 매달린 히어리의 꽃이 전하는 인사일 것이다. 꽃잎이 아니라 종처럼 아래로 늘어뜨린 그 모습은 마치 바람이 스치면 금방이라도 맑고 투명한 음을 낼 것만 같은 착각을 불러일으킨다. 히어리는 나무라기보다는 그늘 아래 피어난 산수화의 한 줄기처럼 느껴진다. 무언가 말없이 다정하고 수줍은 듯 다가와 봄의 문을 살그머니 열고 나가는 존재이다.

히어리는 우리나라 남부지방과 일본, 대만 일부 지역에서 자생하는 낙엽활엽관목이다. 특히 전남 해안 지역의 숲 가장자리나 골짜기 근처에서 자주 발견된다. 식물학적으로는 참괴불나무과에 속하며, 이른 3월에서 4월 사이 꽃을 피운다. 대부분의 나무가 아직 잎눈을 깨우지 못했을 무렵, 히어리는 한발 앞서 가지마다 노란 꽃을 종처럼 달고, 그 가녀린 무게로 가지를 부드럽게 휘게 만든다.

꽃은 연한 노란색으로, 줄기마다 여러 송이가 한 방향으로 늘어서고, 이윽고 마치 금실로 엮은 듯 길고 수상하게 달린다. 꽃받침은 작고 털이 있으며, 꽃잎은 4장으로 좁고 길며 살짝 꼬부라져 있다. 바람이라도 스치면 작은 황금 방울들이 흔들려 그 잔잔한 울림이 눈이 채 녹지 않은 봄 숲을 간질이는 듯하다. 봄은 어쩌면 이런 작은 몸짓들로부터 시작되는 것인지도 모른다. 화려하지 않되 분명한 존재감, 그 미묘하고 은근한 아름다움이 히어리의 전부이자 전설이다.

히어리는 단순히 아름다움만을 지닌 식물이 아니다. 열매는 초여름에 익어 두 개의 타원형 껍질로 갈라지고, 안에는 윤기 나는 씨앗이 들어 있다. 이는 새들에게 좋은 먹이가 되고, 겨울까지 자연 속 먹이사슬의 일부로 기능한다. 또한 히어리는 내한성과 내음성이 높아 그늘진 환경에서도 잘 자라며, 봄의 조경수로도 인기가 많다. 그러나 야생 개체군은 서식지 파괴로 점점 줄어들고 있어 보호가 필요한 식물 중 하나다. 그 조용한 생태적 역할은, 우리가 인식하지 못하는 사이에 봄 생태계의 한 축을 고요히 떠받치고 있는 셈이다.

히어리는 꽃말도 무척 특별하다. '봄을 알리는 작은 종소리', 혹은 '조용한 기쁨'이다. 이름처럼 꽃도, 의미도, 존재 자체도 요란함과는 거리가 멀다. 히어리는 화려하게 봄을 점령하지 않는다. 오히려 봄을 두드리는 식물이다. 마치 누군가 문을 열기 전 살며시 벨을 울리는 것처럼. 그 정갈한 노란빛은 마음속 먼지를 털어내고, 겨우내 닫혀 있던 감각을 다시 세상으로 돌려세운다.

히어리(학명: Corylopsis gotoana var. coreana)

봄이 오는 소리, 그 속삭임을 듣고 싶다면, 한 번쯤 히어리의 나무 그늘 아래 서보길 권한다. 그리고 바람이 불기를 기다려보라. 노란 종이 바람에 살짝 흔들리며 전하는 말 없는 인사.

우리가 봄을 느끼는 순간은 햇살이 뜨거워졌을 때가 아니라 히어리 가지 끝에 노란 종 꽃이 하나하나 피어날 때이다.

홀아비바람꽃, 고요한 숲에 홀로 피는 슬픈 빛

이른 봄, 숲의 그늘 아래 가장 먼저 모습을 드러내는 홀아비바람꽃은 우리나라 중부 이북의 산지에만 자생하는 한국 고유종이다. 미나리아재빗과의 여러해살이풀로, 낙엽수림 아래 부엽질이 풍부하고 수분이 많은 경사면에서 주로 자란다. 숲의 나무들이 잎을 틔우기 전, 햇빛이 지면 가까이 깊숙이 스며드는 짧은 시기를 이용해 빠르게 생장을 시작하는 '춘식성(Ephemeral)' 식물의 전형적 생태 전략을 가진다.

홀아비바람꽃은 보통 한두 송이씩 외롭게 피어나는 특징 때문에 '홀아비'라는 이름이 붙었다. 뿌리줄기는 얇고 옆으로 뻗어 번식하며, 이른 봄 땅속에서 잎자루가 긴 손바닥 모양의 잎을 먼저 밀어 올린다. 잎은 다섯 갈래로 갈라지고 가장자리에 고운 털이 있어 습한 환경에 적응한 모습을 보여준다. 꽃은 3월 말에서 4월 초 사이에 피고, 높이 7~10cm가량 되는 꽃대 끝에 한 송이씩 달린다. 꽃잎은 없으며, 우리가 보는 흰 꽃은 사실 도란형의 꽃받침 5장이 펼쳐진 형태다. 가운데에는 노란 수술과 암술이 밀집해 초기 봄 곤충들에게 중요한 꿀과 화분 자원을 제공한다.

모인 꽃싸개잎에는 자루가 없고, 꽃대에는 긴 털이 있으며, 꽃받침이 아래로 젖혀지지 않고 옆으로 퍼진다는 점에서 비슷한 바람꽃류와 구별된다. 꽃은 작지만 초기 숲 생태계의 영양 순환에서 중요한 역할을 한다. 눈이 녹은 후 가장 먼저 활동을 시작하는 꿀벌과 작은 곤충들에게 음식이 되어 주고, 이른 시기에 광합성으로 확보한 에너지는 여름철 지상부가 사라진 이후에도 뿌리줄기의 생장을 지속시키는 데 쓰인다.

그러나 홀아비바람꽃은 자생 환경 변화에 매우 민감한 종이다. 산림 개발로 인한 서식지 감소, 기후변화에 따른 개화 시기 교란, 무분별한 채집 등이 개체수 감소를 가속하고 있다. 분포 지역이 제한적인 데다 특정 미세 서식지에서만 안정적으로 자라는 특성 때문에 보호가 더욱 필요하다. 일부 지역에서는 멸종위기종으로 지정되어 보호받고 있지만, 여전히 많은 사람들이 그 존재조차 알지 못한 채 숲은 빠르게 변하고 있다.

이 작은 꽃은 단지 봄의 전령에 그치지 않는다. 이른 봄 생태계를 지탱하는 중요한 구성원으로서, 숲이 깨어나는 과정에 섬세하게 관여한다. 홀아비바람꽃을 지킨다는 것은 봄의 생명력이 시작되는 가장 여린 지점을 지키는 일과 다르지 않다.

홀아비바람꽃(학명: Anemone koraiensis Nakai)

홀아비바람꽃은 숲의 영양 순환에서 중요한 초기 단계 역할을 한다. 가장 먼저 피는 꽃으로서 이른 봄 곤충들의 생존 자원이 된다. 봄철 강한 햇빛이 지면까지 닿을 때 짧은 시간 동안 빠르게 광합성을 수행해 뿌리줄기에 영양을 축적한다. 여름 이후 지상부가 사라진 뒤에도 뿌리줄기는 살아남아 토양 속에서 영양 저장고 역할을 한다.

홀아비바람꽃은 시기적·공간적으로 매우 제한된 환경에서만 안정적으로 자란다. 이 때문에 산림 개발, 관광지 조성, 등산로 확대, 기후변화로 인한 개화 시기 불안정 등이 서식지에 큰 압박을 주고 있다. 일부 지역에서는 멸종위기종으로 지정되어 보호받고 있으나, 분포 범위가 좁고 알려진 개체군도 많지 않아 장기적인 보전 전략이 필요하다. 서식지 주변의 무분별한 채집과 훼손을 막고, 숲의 자연적인 부엽질 순환 구조를 유지하는 것이 핵심적인 보전 과제다.

봄맞이꽃,
귀엽고 앙증맞은 하얀 별꽃

해빙의 계절, 아침마다 땅은 아직 서늘하고 숲의 그늘에는 서리가 남아 있는 때, 조심스레 땅 위로 얼굴을 내미는 꽃이 있다. 이른 봄, 하얀 눈이 겨우 녹아내린 자리에서 노란 꽃잎을 펼치는 '봄맞이꽃'. 그 이름처럼, 봄을 가장 먼저 맞이하는 들꽃이다.

봄맞이꽃은 한국을 비롯해 동북아시아에 자생하는 해넘이 한해살이풀이다. 키는 작고 꽃도 앙증맞지만, 그 생태적 위치는 실로 독보적이다. 다 자라야 10cm 남짓한 이 식물은 이른 2월에서 3월 사이, 남쪽 따뜻한 양지바른 산기슭이나 숲 가장자리, 낙엽이 채 사라지지 않은 땅 위로 꽃부터 피워낸다. 잎보다 꽃이 먼저 솟는 이 습성은 긴 겨울잠을 깨운 생명들의 방식 중 하나다. 다른 식물들이 아직 움츠린 몸을 펴지 못할 때, 봄맞이꽃은 조용히, 그러나 단단하게 첫 신호탄을 쏘아 올린다.

이 꽃의 학명은 Androsace umbellata (Lour.) Merr. 또는 그 근연종들로, 같은 속 식물은 '겨울에 피는 꽃'이라는 뜻의 이름을 지녔다. 잎은 줄기 아래에서 손바닥 모양으로 갈라지며 땅 위를 낮게 기는 형태로 자라나고 노란색 꽃은 마치 작은 별처럼 생겼다. 생김새는 애기복수초와 헷갈릴 수도 있지만, 봄맞이꽃은 그보다 꽃잎이 얇고, 더 일찍, 더 겸손하게 핀다. 날이 흐리거나 비가 오면 곧장 꽃잎을 오므려버리며 스스로를 보호하는 것도 특징이다. 자연의 변덕 앞에서 제 몫을 지키는 지혜라고 할 수 있다.

그 생애는 짧고 소박하다. 꽃은 보름도 채 되지 않아 시들고, 곧장 잎이 자라나 광합성을 하며 씨앗을 맺는다. 봄이 완연해지기 전, 이 작은 식물은 뿌리로 다시 들어가 여름과 가을을 땅속에서 보낸다. 이른 봄에 피어 여름이 되기 전에 자취를 감추는 식물을 가리켜 '춘계일년생' 또는 '춘계식물'이라 하는데, 봄맞이꽃은 그 대표주자다.

봄맞이꽃을 만나려면 타이밍이 중요하다. 대부분의 사람이 아직 겨울 외투를 움켜쥐고 있을 때, 이 꽃은 이미 한 생을 거의 다 살아버리기 때문이다. 그래서인지 봄맞이꽃을 본다는 건 단순한 '관찰'이 아니라 '발견'에 가깝다. 대지의 미동과 계절의 첫 떨림을 느끼는 섬세한 감각이 있어야만 가능한 경험이다.

어느 해 이른 봄, 산속 오솔길을 걷다 말없이 시든 낙엽들 사이로 노란 별 하나가 반짝이는 걸 본 적이 있다. 너무도 작고 조용한 그 존재 앞에서 나는 말문이 막혔다. 꽃 한 송이였지만, 그 안에 계절이 통째로 들어 있었다. 마치 "괜찮아, 곧 봄이야"라고 속삭이는 듯했다.

봄맞이꽃(학명: Androsace umbellata (Lour.) Merr.)

이 꽃을 보는 순간, 우리는 알게 된다. 봄은 달력 속에 오지 않는다는 것을. 따뜻한 뉴스 속에도, 꽃가게의 화려한 진열대에도 없다. 봄은 이렇게 들꽃의 침묵 속에 숨어 있다. 작고도 분명한 생명력으로, 말없이 피어나는 순간 속에. 누군가의 스치는 눈길 속에서, 한 조각의 기다림 속에서, 바스락거리는 낙엽 아래에서도 조용히 싹트는 것. 그것이 우리가 만나는 봄이다.

봄맞이꽃은 말한다. 계절은 기다리는 이에게 가장 먼저 도착한다고. 그리고 그 기다림이 얼마나 아름다운지, 살아 있음이 얼마나 숭고한지, 스스로의 피어남으로 보여준다.

그리하여 우리는 해마다 봄을 맞이한다. 누군가가 우리보다 먼저 길 위에 피어 있어 주었기에.

큰앵초,
고산의 봄을 알리는 보랏빛 선율

물기를 머금은 봄 산자락, 아직 겨울의 그림자가 완전히 물러가지 않은 그 틈새에서, 큰앵초는 조용히, 그러나 단단한 의지로 꽃을 피운다. '앵초櫻草'란 이름은 '벚꽃과 같은 풀꽃'이라는 뜻을 품고 있다. 실제로 이 꽃은 연분홍, 보라, 자줏빛, 때로는 흰빛의 꽃잎을 넓게 퍼뜨리며 피어나, 멀리서 보면 봄 벚꽃잎이 바람에 날리다 땅에 내려앉은 듯한 인상을 준다. 하지만 그 고운 외양 아래에는 척박한 환경을 견디고 살아온 강인한 생태적 본성이 숨어 있다.

큰앵초는 앵초속 식물 가운데에서도 우리나라 고유의 자생종으로, 중부 이북의 깊은 산지 습지나 계곡 주변, 또는 계절성 물길이 흐르는 그늘진 낙엽활엽수림 아래에서 자란다. 키는 20~40cm 정도로 자라고, 한 송이 꽃자루에 여러 개의 꽃이 산형으로 피며, 꽃잎 끝은 두 세 갈래로 갈라져 특유의 부드러운 곡선을 이룬다. 이 꽃은 보통 4월 말에서 5월 초 사이에 피는데, 봄기운이 무르익고 여느 꽃들이 조금씩 피기 시작할 즈음, 가장 촉촉한 공간에서 한발 먼저 꽃을 올린다.

큰앵초는 습기를 좋아한다. 해가 많이 드는 양지보다는, 나무 아래 그늘지고 축축한 땅을 택한다. 한겨울 동안 눈이 녹아 흘러든 물과 낙엽이 부식되어 만들어진 유기질이 풍부한 곳, 그 조용한 공간이 큰앵초에게는 최적의 생장지다. 이 꽃은 특히 뿌리가 얕고 섬세하여, 토양이 마르면 쉽게 시들고, 인간의 발자국에도 상처받기 쉽다. 그래서 큰앵초는 보이지 않는 많은 것에 기대어 살아간다. 낙엽이 만들어낸 흙, 계절마다 변하는 습도, 나무의 그늘과 숲의 서늘함, 그리고 그 모든 환경이 조화롭게 만날 때 비로소 꽃을 피운다.

이처럼 민감하고 섬세한 생육조건 탓에, 큰앵초는 현재 전국적으로 자생지가 매우 제한되어 있으며, 환경부에서는 멸종위기 야생식물 II급으로 지정해 보호하고 있다. 한때는 경기 북부, 강원도 일대의 많은 계곡에서 볼 수 있었으나, 산지 개발과 기후 변화, 습지의 파괴, 무분별한 채집으로 인해 그 수가 급격히 줄어들었다. 특히 이식과 재배가 쉽지 않은 종이라, 한 번 자생지를 잃으면 복원이 매우 어렵다는 점에서 생태계 내에서의 존재가 더욱 소중하다.

꽃말은 '첫사랑', '희망', '수줍음'이다. 이 말들이 그저 아름다운 상징에 그치지 않는 이유는, 큰앵초가 보여주는 삶의 방식에 있다. 조용히 움을 틔우고, 스스로를 가장 알맞은 자리에 놓으며, 계절과 생태계가 열어주는 작은 기회 속에서 꽃을 피우는 그 태도는 마치 누군가를 향한 고요한 마음처럼 다가온다. 너무 빨리 피지 않지만, 너무 늦지도 않게, 딱 그만큼의 속도로 계절을 따라 걷는 꽃.

사람이 큰앵초를 알아보려면, 숲속에서 고개를 숙이고 눈을 낮추어야 한다. 습기를 머금은 낙엽을 조심스레 걷어내야 하며, 그늘진 곳에서 묵묵히 자라나는 생명의 기척을 읽을 수 있어야 한다. 큰앵초는 그런 이들에게 비로소 모습을 내보인다. 그리고 마치 오래 기다렸다는 듯, 한 송이 한 송이 꽃을 펼쳐낸다.

큰앵초(학명: Primula jesoana Miq.)

봄구슬봉이,
구슬처럼 앙증맞은 봄꽃

아주 조심스레 들여다보지 않으면, 봄구슬봉이는 금세 시야에서 사라지고 만다. 키가 크지 않고, 꽃도 화려하지 않아 주변의 다른 풀잎이나 작은 나무 그늘에 쉽게 숨어버리는 탓이다. 하지만 땅 가까이에 고개를 낮추고 한참을 바라보고 있노라면, 그 모습은 마치 봄 아침 이슬방울처럼 투명하고, 간결하며, 말 없는 아름다움을 지닌다.

봄구슬봉이는 지치과에 속하는 여러해살이풀이다. '구슬봉이'라는 이름은 둥글고 구슬처럼 매끄러운 꽃잎의 모양에서 유래했으며, '봄구슬봉이'는 그 가운데서도 이른 봄에 가장 먼저 피어나는 종류다. 보통 3월 하순에서 5월 초 사이, 다른 초본류들이 아직 겨울잠에서 완전히 깨어나기 전, 경사진 산비탈의 낙엽층 아래에서 조용히 피어난다.

키는 크지 않다. 10~20cm 남짓한 키에 가는 줄기 끝마다 하늘색에서 보랏빛을 띠는 작은 꽃이 달린다. 꽃은 지름 1cm 안팎으로 작고 정갈하며, 5장의 꽃잎이 수평으로 벌어진다. 꽃잎 중앙은 희거나 연노란 색으로, 꽃받침과 구분되어 더욱 도드라져 보인다. 첫눈에 보면 물망초와 비슷하지만, 잎의 질감과 뿌리줄기의 형태, 꽃잎의 배치에서 뚜렷한 차이를 가진다. 꽃잎 안쪽은 마치 연필로 스쳐 간 듯 섬세한 결을 남기며, 바람에 흔들릴 때마다 그 결은 빛의 각도에 따라 다채롭게 변한다.

봄구슬봉이는 주로 전라북도, 경상북도, 강원도의 깊은 산지에서 자라며, 그중에서도 비교적 습윤하고 그늘진 낙엽활엽수림 아래를 선호한다. 특히 덕유산, 지리산, 가야산, 소백산, 태백산 일대에서는 자연 군락을 이루기도 하며, 해발 500~1,200m의 고지대에서 자주 목격된다. 낙엽층이 풍부하게 쌓인 부식질 토양 위에서 생장을 돕고, 여름철의 직사광선보다는 나무 그늘 아래의 산란광을 더 좋아한다. 이처럼 특정한 미기후 조건을 타기 때문에 널리 퍼지지는 않지만, 적절한 장소에서는 소규모 군락을 이뤄 봄 숲의 경관을 고요하게 수놓는다.

봄구슬봉이는 생태적으로도 섬세한 위치를 차지한다. 꽃이 피는 시기는 초봄이지만, 종자의 성숙은 여름 무렵까지 이어지며, 이 작은 씨앗들은 개미에 의해 산속 여기저기로 퍼져나간다. 개미는 씨앗에 달린 '엘라이오솜(Elaiosome)'이라는 기름기 있는 부위를 먹기 위해 씨앗을 운반하고, 그 과정에서 봄구슬봉이는 새로운 터전을 얻는다. 이는 식물과 곤충 사이의 정교한 공생 전략으로, 숲속 생태계의

봄구슬붕이(학명: Gentiana thunbergii (G.Don) Griseb.)

다양성과 균형을 유지하는 데 중요한 역할을 한다.

또한 이 꽃은 비교적 짧은 기간 동안만 모습을 드러낸다. 초봄에서 초여름 초입까지, 단 몇 주간만 피었다가, 뿌리줄기만을 남기고 지하로 숨어버린다. 따라서 봄구슬봉이를 마주하는 일은 결코 흔치 않다. 어쩌면 그것이 이 꽃이 주는 설렘의 이유일 것이다. 매년 다시 만날 수 있다는 보장이 없는 야생의 순결함, 그리고 찰나에 담긴 자연의 깊은 숨결.

한편, 서식지의 교란은 봄구슬봉이에게 큰 위협이 된다. 등산로 확장, 산악자전거와 같은 레저 활동, 무분별한 채취 등은 이 작은 꽃의 군락지를 서서히 줄이고 있다. 특히 습윤 낙엽층이 훼손되면 뿌리줄기의 생존 자체가 어려워지고, 이듬해 개화를 기대할 수 없게 된다.

현재 봄구슬봉이는 아직 법적으로 보호종으로 지정되지 않았지만, 자생지의 생태적 특성과 유한한 분포 범위를 고려할 때, 향후 보전이 시급한 식물로 평가된다.

누군가의 발길이 닿지 않은 숲속, 이끼와 낙엽이 만든 부드러운 침상 위에서 조용히 고개를 드는 봄구슬봉이. 그 작은 종소리는 인간의 소란스러운 시간 바깥에서만 울린다. 인간의 눈과 귀가 자연의 고요한 숨결에 조율될 때에야 비로소 들리는 생명의 맑은 떨림, 그것이 바로 봄구슬봉이가 우리에게 전하는 첫 번째 인사일지 모른다.

깽깽이풀,
보랏빛으로 피어나는 봄의 전령사

깽깽이풀은 깊은 숲속에서 조용히 피어나는, 매우 특별하고 귀한 야생화이다. 이 꽃은 그 희귀성만으로도 주목받지만, 그 생김새와 생태, 그리고 이름이 품고 있는 정감 어린 느낌까지 더해져, 자연을 사랑하는 이들에게는 오랜 시간 동안 깊은 인상을 남기는 존재이다.

햇살이 아직 나뭇잎 사이로 머뭇머뭇 스며드는 봄날, 낙엽이 두껍게 쌓인 숲 바닥을 조심스레 걷다 보면, 그윽한 보랏빛이 시선을 사로잡는데 수줍게 고개를 숙인 채, 땅과 눈을 맞추듯 피어 있는 작은 꽃이 바로 '깽깽이풀'이다.

깽깽이풀은 매년 4월, 이른 봄에 숲속 그늘에서 홀로 조용히 꽃을 피운다. 대개 한 송이, 혹은 두세 송이 정도가 모여 피는데, 연보랏빛에서 자줏빛으로 이어지는 섬세한 꽃잎의 색감은 마치 빛을 머금은 보석 같다. 넓고 둥근 타원형의 꽃잎은 여덟 장, 가운데는 노란 수술이 다복하게 모여 있어, 보는 이로 하여금 한참을 넋 놓게 만든다.

잎은 꽃이 핀 뒤에 나오며, 독특하게 양 갈래로 갈라진 심장 모양이다. 잎사귀가 점점 자라면서 꽃보다 훨씬 커지는데, 이 잎은 나중에 광합성을 도맡아 하며 식물의 생장을 책임진다.

'깽깽이풀'이라는 이름은 어쩐지 귀엽고 정겨운 느낌을 준다. 이 이름의 유래에 대해서는 몇 가지 설이 있다. 한 설에 따르면, 이 풀의 어린싹을 밟을 때 '깽깽' 소리가 난다고 하여 붙여졌다는 이야기가 있고, 다른 설에서는 풀을 달일 때 나는 소리에서 비롯되었다고도 한다. 어떤 이들은 아이들이 이 식물을 장난감처럼 다루며 '깽깽이' 놀이를 하던 데서 유래했다고도 말한다. 어느 쪽이든, '깽깽이'라는 음절에는 어린 시절 숲속에서 뛰놀던 기억, 혹은 생명의 여린 숨결에 대한 연민이 깃들어 있다.

학명 'Jeffersonia'는 미국의 제3대 대통령이자 식물학을 사랑했던 토머스 제퍼슨의 이름에서 유래했다. 북미에는 이와 닮은 '제퍼슨니아 디필라(Jeffersonia diphylla)'라는 종이 있는데, 동아시아의 깽깽이풀과 생김새가 비슷해 속을 함께 나누었다.

깽깽이풀은 한국에서는 주로 강원도, 경기도 북부, 함경남도, 평안북도등해발 700~1,000m의 깊은 산림지대에서 자란다. 부엽질이 풍부하고 배수가 좋은 낙엽수림 하부, 즉 키 큰 나무 그늘 아래서 그늘진 습기를 좋아한다. 이런 특수한 서식 조건 때문에 분포가 매우 제한적이며, 환경부 지정 멸종위기 야생식물 2급으로 보호받고 있다.

깽깽이풀은 자생지 파괴와 불법 채취로 인해 개체 수가 급감하고

깽깽이풀(학명: Jeffersonia dubia)

있다. 특히 그 아름다움과 희귀성으로 인해 관상용 혹은 약용으로 무분별하게 채취된 결과, 자연에서는 점점 그 모습을 보기 어려워졌다. 실생으로 번식이 가능하지만 성장 속도가 느리고, 서식환경에 매우 민감해 복원도 쉽지 않다.

깽깽이풀은 인간의 손길이 닿지 않는, 숲의 깊은 속내에서만 피어난다. 마치 우리가 잊고 살아온 어떤 원초적인 아름다움이나, 조심스러운 생명에 대한 경외심을 일깨우는 존재처럼 느껴진다.

그 작고 여린 꽃이 긴 겨울을 견뎌내고, 한 줌 햇빛을 찾아 피어나는 장면을 떠올리면, 마치 인간의 마음속에도 이런 깽깽이풀이 하나쯤은 자라고 있지 않을까 하는 생각이 든다. 때로는 세상의 소란에서 멀어져 조용한 숲길에서 그런 생명과 만나는 것, 그것이야말로 자연이 인간에게 건네는 가장 고요하고도 깊은 위로일 것이다.

깽깽이풀은 인간의 욕망 때문에 위협받아 온 꽃이다. 그렇기에 이 꽃을 지켜내는 것은 단지 식물 하나를 보호하는 일이 아니라, 인간의 삶과 자연의 균형을 다시 세우는 일이기도 하다. 야생에서 살아가는 그 고요한 생명을 위해 우리가 할 수 있는 일은 단순하다. 함부로 캐지 않기, 자생지를 지켜주기, 그리고 그 존재를 기억하고 존중하기.

이처럼 봄꽃들은 각기 다른 색과 모양, 향기로 우리에게 다채로운 봄의 풍경과 감동을 선사한다. 숲속 그늘진 곳에서 보랏빛 얼레지가 속삭이고, 길가와 들판에서는 개나리가 햇살처럼 환하게 웃으며, 산과 마을은 진달래 붉은 물결로 물들고, 산기슭에선 산수유가 노란 불빛처럼 반짝인다.

봄 길을 걷다 만난 이 꽃들은 자연과 생명의 조화로운 리듬을 느끼게 하며, 우리 마음속에도 다시금 희망과 설렘의 씨앗을 심어준다.

CHAPTER

2

초록이 짙어지는 여름, 생명의 향연

말발도리,
들숨처럼 가볍게 피는 산골의 꽃

여름이 다가오면 산과 들은 짙은 초록으로 물든다. 그 푸르름 속에는 수많은 생명이 모여 다채로운 향연을 펼친다. 나무들은 한껏 잎을 뽐내고, 풀잎 사이로는 나비와 벌이 분주히 날아다닌다. 여름 숲은 그야말로 생명의 무대, 자연의 풍요로움이 절정에 달하는 시기다.

한국의 여름 야생화들은 여름의 강렬한 햇살과 뜨거운 기운 속에서도 꿋꿋이 피어난다. 땀방울처럼 맺힌 이슬을 머금은 원추리, 노란색과 주황색이 어우러진 엉겅퀴, 그리고 나무 그늘 아래 고요히 피어난 둥근이질풀까지, 각기 다른 개성과 아름다움으로 여름을 수놓는다.

여름의 초록은 단순한 색깔 이상의 의미를 품고 있다. 그것은 생명력의 상징이며, 자연이 끊임없이 순환하는 힘의 표현이다. 나무와 풀, 그리고 그 사이를 가로지르는 곤충과 작은 동물들이 함께 어우러져 만들어내는 풍경은 우리에게 생명의 소중함과 조화로운 공존의 가치를 일깨워 준다.

이 계절의 숲길을 걷다 보면, 한낮의 뜨거운 햇살 아래서도 초록의 그늘이 만들어내는 시원함에 마음이 평온해진다. 바람에 흔들리는 잎사귀들의 속삭임은 자연이 들려주는 여름 이야기, 그리고 생명이 우리 곁에서 쉼 없이 이어지고 있음을 알려준다.

초록이 짙어가는 여름, 우리는 그 속에서 자신도 모르게 생명의 한 부분이 되어 가는 느낌을 받는다. 뜨거운 햇살과 촉촉한 흙 내음, 그리고 울창한 녹음 속에서 여름 야생화들은 저마다의 향기와 빛깔로 삶의 절정을 노래한다. 그 생명의 향연 속에서 우리 역시 새로운 힘과 용기를 얻는다.

말발도리는 다 자라야 사람 키 정도의 높이가 되는 "낙엽관목落葉灌木"으로 한국이 원산지이다. 가지는 가늘고 부드러우며, 마치 어린아이의 팔목처럼 여리게 휘어져 있다. 줄기는 털이 없고, 수피樹皮는 세로로 갈라져 마른 나무껍질처럼 떨어진다. 꽃은 대부분 흰색이지만 중심에 연한 자줏빛 반점이 박혀 있어, 들여다보면 빛과 색, 결이 숨어 있다. 이 미묘한 대비는 말발도리 특유의 고요한 아름다움을 만든다.

이 식물의 이름은 다소 생소하지만 정겹다. '말발도리'는 '말의 발굽'을 뜻하는 토속어에서 유래되었거나, 또는 열매 모양이 말의 발굽 또는 부채처럼 갈라진 모양이어서 붙은 이름이라는 설이 있다. 일부 지역에서는 단순히 '도리나무'라고 부르기도 하는데, 여기서 '도리'는 산

말발도리(학명: Deutzia parviflora Bunge)

간지방 방언으로 작은 나뭇가지나 관목류를 의미한다. 확실한 어원은 전하지 않지만, 이름 자체에 산의 기운과 흙의 냄새가 밴 듯하다.

원산지는 우리나라이며 경남, 충북 이북의 산지 계곡 바위틈에 자생한다. 유사 종으로 잎 뒷면 맥 위에 털이 밀생하는 태백말발도리, 잎 뒷면에 긴 털과 짧은 털이 모두 있는 털말발도리, 잎 뒷면에 긴 털이 밀생하여 흰빛이 도는 속리말발도리, 매화말발도리, 꼬리말발도리, 바위말발도리 등이 있다.

말발도리는 높이 2m 정도 자라는 낙엽 관목으로 어린 가지는 녹색을 띤 갈색이 나거나 녹색이 나며 성모가 있고 오래된 가지는 회흑색이 난다. 잎은 마주나기 하며 난형 내지는 난상 타원형 또는 난상 피침형이고 양 끝이 뾰족하다. 잎의 길이는 3~6cm 정도 되지만 큰 것은 10cm 정도 되는 것도 있다. 잎 윗면은 초록색, 별처럼 생긴 털들이 있으며, 아랫면은 연한 초록색, 별 모양 털이 잎맥 근처에 많이 나타난다. 잎 가장자리에는 끝이 뾰족한 톱니가 있으며, 잎자루는 길이 0.5~1.0cm이며, 별 모양 털이 달린다. 꽃은 지름이 1.2cm 정도로 순백색의 꽃이 산방꽃차례로 달린다. 꽃받침과 꽃잎은 끝이 각각 다섯 갈래로 갈라지며 꽃받침 통은 통 모양이다. 수술은 10개이고 암술대는 3개로 열매는 삭과이며 지름은 4mm 내외이다.

말발도리의 개화기는 5월에서 6월 사이, 초여름의 문턱이다. 숲속 나무들보다 앞서지 않고, 또 늦지도 않게 피어나는 이 식물은, 마치 계절의 조율을 정확히 맞추어 움직이는 자연의 악보 같다. 한 가지 끝에 한두 송이씩 피는 작은 꽃은 외형적으로는 수수하지만, 그 정갈한 배치는 오히려 숲의 침묵과 더 조화롭다. 꽃잎은 다섯 장, 수술은 여러 개로 꽃 안에서 빽빽하게 모여 있으며, 자잘한 아름다움이 그 안에 깃들어 있다.

이 식물은 주로 해발 200~900m 사이의 산지 계곡이나 낙엽활엽수림 가장자리에서 자란다. 햇빛이 너무 강하지 않은 반그늘, 즉 반음지半陰地 환경을 좋아하며, 배수가 잘되는 비옥한 사질양토 또는 부식질이 풍부한 산림토양에서 건강하게 뿌리를 내린다. 생육지가 비교적 한정되어 있어 지역적 편중이 있으나, 경기 북부와 강원, 충청 이북의 중북부 산지에서 간혹 군락을 이룬 채 발견된다.

식물학적으로는 "범의귀과"에 속했던 적도 있으나, 현재는 "수국과"로 분류된다. 말발도리속(Deutzia)은 한국, 일본, 중국 등 동아시아에 약 60종 이상이 분포하며, 이 중 한국에는 말발도리, 털말발도리, 산말발도리 등이 자생한다. 이들은 서로 닮은 듯하면서도 구분할 수 있는데 말발도리는 특히 꽃이 한 송이씩 달리는 점과 잎이 가장 짧고 넓은 형태라는 특징으로 다른 종들과 구별된다.

말발도리는 꿀벌이나 나비 같은 곤충 매개에 의존하는 수분 전략을 갖고 있다. 다만 꿀샘이 적고 향기가 강하지 않아, 수분율은 비교적 낮은 편이다. 대신 "땅속줄기地下莖"이나 가지의 꺾꽂이로 번식이 잘 되는 편이기에, 주변 환경이 안정적이면 천천히 그 개체 수를 늘려간다. 꽃이 진 뒤 맺히는 삭과는 작고 둥글며, 늦가을까지 가지에 남아 있다가 새들에게 일부 먹히며 씨앗이 퍼지기도 한다.

현재 말발도리는 법적으로 보호받는 희귀종은 아니지만, 자생지 파괴와 숲길 개발, 그리고 기후변화로 인한 환경 스트레스에 점점 민감해지고 있다. 특히 도로 개설이나 등산로 정비로 인해 낙엽층이 훼손되거나 수분 유실이 심화하면 어린 개체들의 생존이 어려워진다. 최근에는 일부 지역 식물원에서 보존을 위한 증식 실험과 이식 연구도 진행되고 있으며, 자생지 조사와 모니터링도 강화되고 있다.

매화노루발,
매화만큼 아름다운 꽃

매화노루발은 우리나라 각처의 산지에 자라는 상록 다년생 초본이며 숲속 그늘을 좋아한다. 키는 5cm에서 20cm 남짓, 발목 언저리쯤에서 자라는 작은 키에 연한 분홍빛 또는 흰색의 꽃을 맺는다. 꽃잎은 다섯 장, 지름은 1~1.5cm 정도로 아담하고 소박하다. 꽃은 보통 두세 송이씩 줄기 끝에 모여 피며, 고개를 푹 숙인 채 아래를 향해 맺히는 모습이 조심스럽고도 겸손하다. 개화 시기는 5월 말에서 6월 말까지 한여름의 더위가 시작되기 전, 숲속이 가장 푸르르고 습한 시절이다.

이 꽃이 자라는 곳은 남서향의 비탈진 산지, 해발 400~1,300m 사이의 낙엽활엽수림 하층이다. 참나무, 신갈나무, 졸참나무가 드리운 그늘 아래, 직사광선이 오래 머물지 않는 부엽질이 두터운 땅. 그곳에서 매화노루발은 뿌리 내리고, 사계절 푸른 잎을 간직한 채 자신의 계절을 기다린다. 윤기 있는 짙은 녹색의 잎은 마주나거나 돌려나며, 가장자리에 뚜렷한 톱니가 있다. 겨울에도 시들지 않아 '겨울에도 사랑받는 식물'이라는 뜻의 속명 치마필라(Chimaphila)를 지녔다.

매화노루발의 생존 방식은 조용하지만 깊다. 이 식물은 광합성만으로는 충분한 에너지를 얻기 어렵다. 대신 뿌리에는 곰팡이와 공생하는 "균근菌根"이 발달해 있다. 곰팡이로부터 무기질과 유기물을 공급받고, 자신은 광합성을 통해 얻은 탄소를 나눈다. 이런 공생은 햇빛이 부족한 숲속에서 살아남기 위한 전략이자, 자연 속의 묵묵한 협력이다.

꽃이 지고 나면 작은 삭과가 열리며, 그 안의 씨앗은 바람이나 작은 동물에 의해 퍼진다. 씨앗은 매우 가벼워 육안으로 보기도 어려울 만큼 작으며, 한 번 피어난 자리에 씨를 떨어뜨려 몇 해 뒤 새로운 개체로 자라나기도 한다. 번식은 느리지만 꾸준하며, 결실은 빠르지 않지만 확실하다. 여름이 끝나면 매화노루발은 조용히 잎만 남기고 꽃의 흔적을 거둔다.

이 꽃은 흔하지 않다. 그늘진 숲을 오래 걷다가, 운이 좋으면 그 조용한 빛을 발견할 수 있다. 꽃은 그리 크지 않고, 색도 화려하지 않으며, 피어 있는 시간도 짧다. 하지만 그 존재를 알아보는 순간, 자연은 전혀 다른 표정으로 다가온다. 거센 생명의 경쟁과 찬란한 개화의 소란 속에서, 매화노루발은 그저 한 송이의 낮은 꽃으로 존재한다. 그러나 그 고요함은 자칫 들뜨기 쉬운 계절에 단단한 중심이 되어준다.

숫자로 환산하면 이 꽃은 작다. 키는 15cm 남짓, 꽃은 지름 1cm 정도, 개화 기간은 열흘 남짓에 불과하다. 하지만 그 짧은 생애 안에 담긴 전략과 구조, 생존의 태도는 오히려 깊고 복잡하다. 빛보다 그늘을 택하고, 독립보다 공생을 선택하며, 주목받기보다 스며들기를 택한 식물. 매화노루발은 말없이 존재하며, 말보다 많은 것을 들려준다.

누군가에게는 보이지 않는 그늘 속 잡초일 수도 있지만, 누군가에게는 가장 정직한 여름의 문장이 된다. 매화노루발은 그렇게, 오늘도 숲 어딘가에서 조용히 피고 있을 것이다. 발견되기를 바라지 않지만, 발견되었을 때 비로소 위로가 되는 꽃. 가장 낮은 자리에서 계절을 품고 있는 생명의 한 방식. 그것이 매화노루발이다.

매화노루발(학명: Chimaphila japonica Miq.)은 숲 속 반그늘의 토양이 비옥한 곳에서 자란다.

자주달개비,
아침에만 피는 이슬꽃

이른 아침, 풀잎 위에 맺힌 물방울이 햇빛에 반짝일 무렵, 들길을 걷다 보면 문득 짙은 보랏빛이 시야를 스친다. 빛에 따라 짙어지거나 옅어지는 그 빛깔은 보랏빛보다 자주에 가깝고, 보랏빛보다 덜 화려하면서도 더 오래 눈에 남는다. 그것은 흔한 꽃이 아니다. 한낮이 되면 꽃잎을 닫아버리는 신비한 습성 탓에, 이 꽃은 오직 아침에만 볼 수 있다. 그래서 자주달개비는 늘 새벽의 고백처럼 다가온다. 조금만 늦어도, 조금만 망설여도 놓쳐버릴 수 있는 꽃이다.

자주달개비는 달개비속에 속하는 여러해살이풀로, 초여름부터 여름 내내 길가나 풀밭, 논두렁에 자생한다. 높이 30~60cm 정도까지 자라며, 줄기는 부드럽고 곧게 선다. 가장 눈에 띄는 점은 꽃의 색감이다. 짙은 자주색 또는 보랏빛 꽃잎은 세 장이고, 그 중심에는 황금빛 수술이 촘촘히 박혀 있다. 이 수술은 마치 실타래처럼 가느다란 털로 덮여 있어, 햇살을 받으면 반짝이는 이슬방울처럼 보인다. 이 반짝임은 자주달개비의 별명인 '이슬꽃' 또는 '아침꽃'을 떠올리게 만든다.

이 꽃의 생애는 독특하다. 아침 햇살이 들면 꽃잎이 열리고, 오후가 되기 전이면 시들어버린다. 하루살이꽃이라고도 부르지만, 실은 매일 새로운 꽃을 피워낸다. 하루를 살고 하루를 잊는다. 어쩌면 자주달개비의 삶은 '한순간을 위한 준비'를 끊임없이 되풀이하는 생애일지도 모른다. 그 짧은 개화 시간은 마치 사랑처럼, 피어난 순간이 전부이며 그 순간을 위해 모든 것을 건 듯하다. 그러니 자주달개비는 하루의 시작을 여는 꽃이자, 덧없는 아름다움의 상징이기도 하다.

자주달개비는 특별한 흙을 가리지 않는다. 다소 습한 환경을 좋아하지만, 강한 생명력으로 도시 공터나 시멘트 틈에서도 자란다. 그러나 진짜 아름다움은 초여름 들판에서 군락을 이루며 피어날 때 더욱 빛을 발한다. 강원도 철원 평야, 경기도 남양주의 하천 변, 충청도 논두렁이나 전남 해안가 밭둑 등 전국적으로 널리 분포한다. 새벽이슬이 내린 무렵, 이 꽃들이 들판에 가득 피면 마치 안개가 뿌려진 듯 아련한 풍경을 만든다. 짧게 피고 짧게 지지만, 그 모습은 오래도록 남아 여름의 기억을 완성한다.

이 꽃은 예전부터 민간에서 약초로도 이용되었다. 달개비는 잎과 줄기를 삶아 땀을 내거나 해열용으로 쓰기도 했고, 여린 잎은 나물로도 식탁에 올랐다. 그러나 자주달개비는 식용보다 그 아름다움으로 더 사랑받는다. 특히 보랏빛의 맑은 인상은 많은 사람들에게 '순

자주달개비(학명: Tradescantia ohiensis)

결', '덧없음', '슬픔 속의 고요' 같은 감정을 불러일으킨다.

시인들에게도 사랑받아 종종 "새벽에만 피는 연정의 상징", "사랑의 회한"으로 불리곤 했다. 어떤 이는 자주달개비를 보고 '잊지 못할 이름 하나가 마음속에 피었다가 저녁 무렵 시들어버린다'라고도 했다. 아침에만 피어나는 그 짧은 생애는 보고 있는 이의 마음을 조용히 흔든다.

자주달개비는 이렇게 말 없는 꽃이다. 향기도 짙지 않고, 자태도 화려하지 않지만, 잠깐의 마주침만으로도 깊은 울림을 준다.

분홍바늘꽃,
여름의 하늘을 닮은 분홍빛 불꽃

여름이 본격적으로 시작되는 7월, 햇살이 투명하게 퍼지는 고산지대나 냇가 주변을 거닐다 보면, 마치 하늘이 쏟아낸 듯한 연분홍빛 불꽃들이 키 높이로 흔들리는 모습을 볼 수 있다. 그것이 바로 분홍바늘꽃, 또는 바늘꽃이라 불리는 식물이다. 영어권에서는 'Fireweed', 즉 '불의 잡초'라는 인상적인 이름으로 불리는데, 이는 불이 난 뒤 척박해진 땅에 가장 먼저 자라나는 식물 중 하나이기 때문이다.

한국에서는 강원도, 지리산, 덕유산, 태백산 등 해발 1,000m 이상 되는 고산지대에서 주로 자란다. 산불이 지나간 곳이나 벌채된 공터, 고산 초지, 하천 주변의 햇볕이 잘 드는 양지바른 곳에서 군락을 이루며 자라나는데, 이는 이 식물이 생태적 선구자 역할을 하기 때문이다. 척박하고 황폐한 땅에 가장 먼저 뿌리를 내리고, 다른 식물

분홍바늘꽃(학명: Epilobium angustifolium)

들이 자랄 수 있도록 토양을 안정시키는 기능을 한다. 이처럼 분홍바늘꽃은 자연의 복원력과 회복력을 상징하는 식물이라 할 수 있다.

키는 1~2m까지 자라며, 곧은줄기에서 올라온 꽃대에 연분홍색에서 자줏빛을 띠는 작은 꽃들이 빽빽이 피어오른다. 꽃은 한 방향으로만 핀다. 네 갈래로 갈라진 꽃잎 사이로 돌출된 암술과 수술이 도드라져, 섬세하면서도 선명한 인상을 준다. 꽃잎은 얇고 부드러우며, 아침 햇살이 스며들 때, 마치 공기 중에 떠 있는 안개 같은 분위기를 자아낸다. 꽃은 보통 7월 중순부터 8월 초까지 피며, 이후 긴 털을 가진 씨앗을 바람에 실어 멀리 퍼뜨린다.

분홍바늘꽃의 잎은 길고 가늘며 바늘처럼 생긴 것이 특징이다. 바늘꽃이라는 이름도 이 가느다란 잎 모양에서 유래하였다. 잎은 어긋나며 잎맥이 선명하고, 가장자리는 약간 뒤로 말려 있다. 뿌리는 얕지만, 땅속으로, 옆으로 퍼져나가는 뿌리줄기를 발달시켜 새로운 개체를 만들어내므로, 한 번 자리를 잡으면 무리 지어 군락을 형성하게 된다.

이 식물은 아름다움 외에도 생태적 가치가 크다. 분홍바늘꽃은 꿀이 많아 꿀벌과 나비 등 곤충들에게 매우 중요한 여름철 먹이원이 된다. 특히 고산지대에서 꿀벌의 활동이 제한되는 환경 속에서도 이 꽃은 안정적인 꿀 공급원이 되어 준다. 또한 그 잎은 예로부터 차로 우려 마시기도 했으며, 북미 일부 지역에서는 젊은 잎을 채취해 나물로 먹거나 약초로 사용하기도 했다.

그러나 무엇보다 이 꽃이 주는 감동은 그 강인한 생명력과 자연 회복력의 상징성에 있다. 불탄 산자락, 벌거숭이가 된 초지, 사람이 버리고 간 빈터에 피어나는 이 꽃은, 생명이 사라진 것처럼 보이는 땅에도 여전히 피어날 가능성과 희망이 있음을 말해준다. 인간의 무관심 혹은 실수로 파괴된 자연을 다시 끌어안으며, 묵묵히 자리를 채우는 그 모습은, 마치 자연이 보내는 위로의 손길 같다.

분홍바늘꽃은 여름의 뜨거운 빛 속에서도 우아하고 고요하게 서 있다. 그 흔들림 속에는 회복의 기억이 있고, 군락 속에는 생명의 약속이 담겨 있다. 강인함과 부드러움이 공존하는 이 꽃은, 인간에게 자연이 지닌 회복력의 본질을 일깨워 주며, 우리가 잊고 있던 '되살림'의 의미를 다시금 되새기게 한다.

범꼬리,
여름 들녘에 피는 부드러운 붓끝

한여름 햇살이 논두렁과 개울가를 짙게 감싸기 시작하면, 초록의 물결 속에서 조용히 흔들리는 키 큰 야생화를 만난다. 그 이름조차 낯선 이에게는 이 꽃이 마치 가늘고 긴 여우 꼬리를 닮았다고 하여 '범꼬리'라는 이름을 붙인 것이 이상하게 들릴지 모르겠다. 하지만 가까이 다가가 보면, 그 길고 가느다란 꽃차례는 부드럽게 휘어져 흐드러지고, 마치 바람결에 춤추는 고요한 화선지 위의 붓끝처럼 느껴진다.

범꼬리는 마치 군중 속의 시인처럼 군더더기 없이 말간 자태를 지녔다. 가지런히 나란히 달린 꽃들이 위를 향해 피며, 보라색 혹은 연보랏빛으로 물들어 가는 그 곡선은 자연이 선으로 그린 시 한 편과 같다. 짧은 꽃자루 위에 작은 꽃들이 다닥다닥 붙어 피는데, 그 수많은 개화가 모여 하나의 유려한 흐름을 만든다. 그것은 마치 강줄기처럼, 들판을 가로지르는 바람결처럼 자연의 율동을 닮았다.

범꼬리는 마편초과에 속하는 다년생 초본으로, 학명은 Scutellaria barbata이다. 그러나 우리가 흔히 야생에서 만나는 범꼬리는 정확히는 Scutellaria Indica, 즉 '골보꽃'이라 불리는 종류로, 그 모습이 마치 붓글씨의 한 획처럼 단정하면서도 유려하다. 해발 200~800m의 산지, 초원, 들판, 하천 주변의 양지바른 습윤지에서 잘 자라며, 제주도와 남부 내륙을 포함한 전국 각지에서 여름에서 초가을 사이에 꽃을 피운다.

범꼬리는 우리나라를 비롯하여 아시아·유럽 등에 널리 분포하는 여러해살이풀이다. 권삼, 호미, 자삼, 도근초, 범꼬리권삼 등으로 부르기도 한다.

땅속줄기는 굵고 짧으며 많은 잔뿌리가 있다. 키는 50~100cm 정도이며, 원줄기는 여러 개가 나온다. 뿌리에서 나온 잎은 잎자루가 길고, 줄기에서 나온 잎은 잎자루가 짧거나 없다. 꽃은 7~8월에 옅은 붉은색으로 피며, 줄기 끝에 많은 꽃들이 모여서 호랑이의 꼬리 모양을 이룬다. 열매에는 씨가 하나뿐이어서 전체가 씨처럼 보이며 표면에 윤이 난다. 결실기는 9~10월이며 어린잎과 줄기는 식용한다

가장 눈에 띄는 것은 역시 꽃의 형상이다. 작고 긴 관상화管狀花가 줄기를 따라 빽빽이 달리며 위를 향해 솟아오르는데, 자줏빛 또는 연보랏빛의 색감이 햇빛 아래에서 은은한 광택을 띠며 영롱하게 빛난다. 그 꽃은 벌과 나비뿐 아니라 인간의 시선도 끌어당긴다. 꽃차례는 10~20cm가량 길게 자라며, 위로 갈수록 가늘고 섬세하게 마

범꼬리(학명: Scutellaria barbata)

무리되어 전체적으로 유려한 실루엣을 만든다. 이 꽃을 손에 쥐면, 가늘고 부드러운 실타래를 잡는 것 같은 착각이 든다.

범꼬리는 생태적으로도 흥미로운 존재다. 주로 습하고 물 빠짐이 좋은 토양에서 번성하며, 번식은 주로 씨앗을 통해 이루어진다. 햇볕이 잘 드는 공간을 좋아하지만 너무 건조한 환경에는 민감하다. 이러한 특성 덕분에 범꼬리는 농촌의 논두렁이나 작은 도랑가, 혹은 오래된 밭 가장자리 등 인간과 가까운 곳에서 자주 발견된다. 자연과 인간이 만나는 경계에서 조용히 피어나는 이 식물은, 어쩌면 우리 삶 속의 작은 틈에서 피어나는 생명력의 은유인지도 모른다.

한방에서는 범꼬리와 비슷한 식물들이 예로부터 약용으로 사용됐다. 특히 줄기와 잎은 이뇨, 소염, 해독의 효과가 있어 약재로 쓰였으며, '반하'나 '백작약' 등과 함께 약초로 섞여 탕약에 들어가기도 했다. 물론 야생에서 직접 채취해 사용하는 일은 자제되어야 하며, 생태계의 균형을 해치지 않는 선에서 이 아름다운 식물을 감상하고 보호하는 것이 중요하다.

범꼬리의 꽃말은 '부드러운 인내'다. 매끈한 줄기와 바람에 나풀거리는 꽃차례는 겉보기에는 연약해 보이지만, 뜨거운 햇살과 비바람 속에서도 꿋꿋이 자라며 자신의 시간을 묵묵히 이어간다. 그것은 한낱 들꽃이지만, 우리에게는 인생의 깊은 미덕을 가르쳐주는 스승이기도 하다.

여름날, 어느 조용한 시골길을 걷다 범꼬리를 마주한다면, 그 부드럽고도 강건한 모습 앞에 잠시 걸음을 멈추어 보자. 그리고 고요히 피어난 작은 들꽃의 몸짓에서 인생의 다른 리듬을, 혹은 자연의 숨결을 느껴보는 것도 좋을 것이다. 범꼬리는 그렇게, 우리가 놓치고 사는 여름의 한 페이지를 조용히 채워주고 있다.

둥근이질풀,
들녘의 작고 조용한 치료자

물기가 도는 초여름 숲 가장자리나 들녘, 또는 야산의 풀밭에서 눈길을 붙잡는 연보랏빛 풀꽃이 있다. 마치 작고 둥근 부채처럼 귀엽게 펼쳐진 꽃잎, 그 안에 수줍은 듯 숨어 있는 연노랑 수술. 바로 '둥근이질풀'이다. 이 꽃의 이름은 둥그스름한 잎의 모양과 이질 치료제로 쓰였던 민간 약효에서 유래되었다. 꽃도 예쁘지만, 그 이름에는 오랜 옛날부터 인간과 함께 살아온 풀이 지닌 쓰임과 기억이 스며 있다.

둥근이질풀은 쌍떡잎식물 쥐손이풀과에 속하며, 우리나라 중부 이남의 산지나 들녘의 햇볕 잘 드는 풀밭에서 주로 자란다. 다년생 초본으로 키는 20~50cm 정도 자라며, 줄기는 땅 위를 길게 기듯 뻗다가 곧게 일어선다. 가장 눈에 띄는 건 역시 잎과 꽃이다. 잎은 손바닥처럼 넓게 퍼지며 깊은 갈라짐 없이 둥글고 부드러운 톱니를 지닌

둥근이질풀(학명: Geranium koreanum)

다. 이 잎이 바로 '둥근이질풀'이라는 이름의 시초가 되었을 것이다. 반면, 비슷한 종인 '이질풀'은 잎이 더 가늘고 갈라짐이 많다.

꽃은 5~7월 사이 줄기 끝이나 잎겨드랑이에 두 송이씩 달리며, 지름 1.5cm 남짓한 보랏빛을 띤다. 꽃잎은 다섯 장이며, 각각은 깊게 갈라져 날개처럼 보인다. 연보라와 자줏빛의 경계에 선 색감은 투명하고도 청초해서 들판을 산책하다 그 꽃을 마주한 사람의 발길을 멈추게 한다. 수술은 노란빛을 띠고 있으며, 그 가운데 암술 하나가 똑바로 솟아올라 있다. 작고 단아한 모습이지만, 꽃잎 안쪽에는 가느다란 자주색 줄무늬가 그려져 있어 곤충을 유인하는 역할을 한다.

둥근이질풀은 해가 잘 들고 물 빠짐이 좋은 곳을 좋아한다. 자연상태에서는 낮은 산의 풀밭, 산기슭의 양지바른 초지나 야산의 흙길 가장자리에 자주 자란다. 인간의 간섭이 덜한 자연 초지에서 건강하게 군락을 이루기도 하고, 간혹 밭 가장자리나 묵은 논두렁에서도 발견된다. 다만 최근에는 개발과 농약의 사용, 도로 확장 등으로 자연 군락이 많이 줄어들고 있다.

이 식물은 오랜 세월 민간에서 이질, 장염, 설사 치료제로 쓰여왔다. 뿌리와 잎에는 타닌 성분이 풍부하여 항염 작용이 있고, 지혈 효능도 있어 상처 치료에 이용되기도 했다. 사람들은 들에서 이 풀을 캐 말려 두고 약재로 썼고, 아이가 배탈이 났을 때는 뜨거운 물에 우려내어 마시게 했다. 지금은 약재로서보다는 관상용, 생태 교육용으로 더 알려졌지만, 그 안에는 인간의 건강과 함께한 식물로서의 이력이 묵직하게 담겨 있다.

둥근이질풀은 곁에 있어도 말없이 그 자리를 지키는 식물이다. 야생의 겸손한 생명들이 그러하듯, 자신을 과시하지 않고 조용히 피었다가 조용히 져간다. 그러나 자세히 들여다보면, 그 연보랏빛 꽃 안에는 오래된 계절의 기억, 사람들의 손길, 그리고 곤충과 흙의 교감이 고스란히 담겨 있다. 이름 없는 풀꽃 같지만, 누군가의 기억 속에서는 약이 되고 위로가 되었던 이 작은 생명. 둥근이질풀은 그 조용한 아름다움으로 오늘도 봄과 여름 사이를 잇고 있다.

고마리,
잊힌 길목에 피는 그리움의 향기

늦여름, 메밀꽃이 흐드러지게 피는 들녘을 가로지르는 좁은 물길에는 고마리가 빽빽하게 돋아난다. 고마리는 우리나라 전역의 고랑과 도랑, 개울에서 흔히 볼 수 있는 대표적인 한해살이풀로, 한반도에 정착 농경이 시작된 이래 농부들에게 익숙한 야생초이다. 논이든 밭이든 물을 대는 일은 농경에서 필수적이기에 고랑은 자연스레 만들어지고, 이러한 물길은 야생동식물에도 중요한 서식처이자 이동통로가 되어 왔다. 고마리가 좋아하는 곳은 큰비가 내리면 물이 가득 차 흐르고, 가물어도 연중 물이 마르지 않는 곳이다.

고마리는 마디풀과에 속하는 여러해살이풀이다. 7월부터 10월까지, 여름에서 가을로 넘어가는 긴 시간 동안 조용히 피고 진다. 고마리는 깨끗한 곳에서 더러운 곳까지 살 수 있는 수질 범위가 넓은 편이다. 키는 30~80cm가량 자라며, 줄기는 연녹색 혹은 자줏빛이 도는 붉은 줄무늬를 띤다. 특이한 점은 줄기와 잎, 심지어 꽃대에도 보이지 않게 가시가 있다는 점이다. 하지만 그 가시가 무섭지 않은 이유는, 고마리가 결코 상처를 주기 위한 식물이 아니라, 자신을 보호하기 위해 침묵을 택한 식물이기 때문이다.

가장 인상적인 건 꽃이다. 가지 끝에 촘촘히 달린 꽃차례는 멀리서 보면 마치 실처럼 가는 꽃줄기가 연한 분홍의 점들을 이어 붙인 듯하다. 하나하나의 꽃송이는 쌀알만큼 작지만, 그 속에는 부드러운 생명력이 오롯이 담겨 있다. 이 꽃은 해가 뜨면 피기 시작하고, 해가 질 무렵에 수분을 마치면 차례차례 진다, 어떤 날은 새벽이슬을 머금고, 또 어떤 날은 소나기 뒤의 습기를 고스란히 받아내며 다음 날을 준비한다.

고마리가 피어나는 장소는 주로 습지, 물가, 계곡 주변이다. 그곳은 인간의 손이 잘 닿지 않는 공간이며, 식물들에는 더없이 풍요로운 터전이다. 고마리는 그런 자연의 곁을 떠나지 않는다. 사람과 거리 두며 조용히 살아가는 들꽃, 하지만 언젠가 인간이 지치고, 외롭고, 아픈 마음으로 숲을 찾을 때 그 곁에서 다정하게 인사를 건네는 그런 존재다.

이 꽃의 이름에도 사연이 있다. '고마리'는 조선시대부터 민간에서 불리던 '곰살맞고 수줍은 풀'이라는 뜻의 방언에서 유래했다는 설이 있다. 그래서인지 이 꽃을 부를 때면 왠지 모르게 정이 담긴 말투가 절로 나온다. "아, 고마리 피었네." 마치 오랜만에 만난 옛 친구를 부르는 듯한 이름이다.

고마리는 나물, 약, 소의 먹이풀로 이용되었고, 고대 농업사회 때부터 유용한 풀이었다. 고마리를 가축(특히 소)의 먹이풀로 인식한 것은 일찍이 우리나라의 농경문화에서 찾아볼 수 있다. 고마리는 소에게 영양가 높은 식량이다. 예전에는 농부가 쉬는 동안에 도랑에서 소가 고마리를 뜯는 전원 풍경을 흔히 볼 수 있었다. 민간에서는 고마리를 약초로 쓰기도 했다. 해열, 소염, 소화 촉진에 효과가 있다고 하여, 꽃과 잎, 줄기를 달여 마셨다. 잎은 손으로 문지르면 미묘한 향이 나는데, 이 향기 또한 진하지 않으면서도 은근한 향이다.

고마리(학명: Persicaria thunbergii)꽃

고마리는 쉽게 번식한다. 씨앗을 맺고, 근경으로도 뻗어나가며 들판 곳곳에 자기만의 작고 조용한 세상을 만들어낸다. 누군가 일부러 심지 않아도 자란다. 누구에게 돌봄을 요구하지도 않는다. 그저 자연이 허락한 틈에서 조용히 자신을 피우는 꽃, 그렇게 피어날 수 있다는 것, 살아 있다는 것만으로 충분한 존재이다.

꽃며느리밥풀,
밥알 두 개가 붙어 있는 꽃

풀벌레 소리가 낮게 깔리는 여름 저녁녘, 길가 풀숲 사이로 분홍빛 무리가 스쳐 지나간다. 햇살이 부드럽게 기울어지는 그 시간, 고개를 숙이지 않으면 볼 수 없는 낮은 곳에서 하늘하늘하고 신비로운 빛깔의 꽃이 피어나 있다. 그것은 절대 화려하지 않지만, 가까이에서 들여다보면 기이할 만큼 정교하고 아름답다. 그리고 그 꽃을 부르는 이름은 너무나도 정겹고도 안쓰럽다. 꽃며느리밥풀. 한 송이 꽃 안에, 하나의 인생사가 스며 있는 이름이다.

이름부터가 이야기를 품고 있다. '며느리밥풀'이라니, 도대체 왜 이런 이름이 붙었을까. 오래된 민간전승에 따르면, 시어머니 몰래 밥알을 몰래 풀밭에 버리고도 들키지 않으려 했던 며느리의 애처로운 손짓에서 유래했다는 말이 전해진다. 밥풀을 떼어 풀밭에 감추듯 떨어뜨렸다는 그 옛이야기는, 단순한 전설이 아니라 한국적 가족 구조

속에서 여성의 억눌림과 애환, 그리고 그 안에서 피어난 순한 순종의 정서를 고스란히 품고 있다.

그러나 이 꽃은 그저 연약하거나 슬프기만 한 존재가 아니다. 꽃며느리밥풀은 실상 놀라울 만큼 독특하고 신비로운 구조를 지닌 들꽃이다. 한 송이 꽃은 길게 뻗은 줄기 끝에 맺히며, 꽃잎은 두 갈래로 나뉘고 그 중앙에는 길고 굽은 수술이 돌출되어 나 있다. 마치 나비가 꽃 위에 앉아 있는 듯한 그 형상은 보는 사람으로 하여금 감탄을 자아내게 만든다. 크기는 작지만, 그 정교함은 어느 정원식물도 따라올 수 없다.

색 또한 일품이다. 연보랏빛을 띠는 분홍색은 투명하고 차분하며, 마치 여름 저녁 하늘에 살짝 스민 노을 같은 색이다. 더운 계절 속에서 유일하게 마음을 식히는 차분한 빛, 그 빛은 시선뿐 아니라 마음까지 잠시 멈춰 세운다. 그래서 꽃며느리밥풀을 만나면 사람들은 종종 말을 잃는다. 입으로 전하는 감탄보다, 가만히 쳐다보는 시간이 더 깊은 감동을 준다.

꽃며느리밥풀은 현삼과의 반기생 한해살이풀로 보통 7월에서 8월, 한여름부터 이른 가을까지 핀다. 입술 모양의 꽃잎 사이로 밥알 같은 흰 무늬의 꽃술 두 개가 살짝 드러나는 모습이 특징이다. 들판, 산자락, 숲 가장자리, 그리고 인적 드문 오솔길 옆 등에서 흔히 볼 수 있다. 줄기는 네모지고 짧은 털이 있어 연약해 보이지만 의외로 바람에 잘 쓰러지지 않을 만큼 강인하다. 키는 30~50cm로 자라는 편이며, 마주난 잎은 좁고 길며 가장자리가 부드럽게 물결친다. 한

꽃며느리밥풀(학명: Melampyrum roseum Maxim)

줄기에 꽃이 몇 송이 달리기도 하지만, 가장 아름다울 때는 길가 풀숲 속에서 군락을 이루어 피어 있을 때다. 그때의 풍경은 보랏빛 안개가 드리운 듯 몽환적인 분위기로 변한다.

꽃며느리밥풀은 배수가 잘되고 유기물과 수분이 풍부한 토질이 적합하고, 척박한 환경에서도 생존하는 반기생식물로, 볕이 잘 드는 큰 나무 아래서 군락을 이루어 자생한다. 새며느리밥풀, 수염며느리밥풀, 애기며느리밥풀, 알며느리밥풀 등 여러 종이 있다.

꽃며느리밥풀은 자연에 의해, 그리고 사람들의 기억 속에 의해 살아남은 꽃이다. 이 꽃이 피어나는 곳은 대개 인간의 손길이 닿지 않은 채 방치된 자리다. 바로 그 '버려진 곳'이 이 꽃의 터전이 된다. 돌봄 없이도 자신을 아름답게 가꾸어 내는 힘, 그것이 야생화의 미덕이며 꽃며느리밥풀은 그 상징과도 같은 존재다.

금마타리,
여름 숲길에 드리운 노란 별빛

깊은 숲속 한쪽에 조용히 고개를 든 노란 꽃들이 있다. 한 송이, 두 송이, 그러다 무리 지어 피어나면 마치 땅 위에 별빛이 떨어진 듯하다. 그 꽃이 바로 '금마타리'다. 금마타리는 산기슭이나 야산, 들판의 햇살 좋은 비탈진 곳에서 자주 볼 수 있는 우리나라 특산의 야생화로, '미나릿과'에 속하는 여러해살이풀이다.

금마타리라는 이름은 그 꽃의 색과 줄기의 생김새에서 유래한다. '금'은 황금빛 꽃잎의 색을, '마타리'는 비슷한 형태를 가진 식물 '마타리'에서 따온 것이다. 일반적인 마타리에 비해 금마타리는 꽃의 노란 기운이 더 진하고 화려하여 한여름의 햇빛 아래 더욱 눈에 띄는 존재다.

꽃은 7월에서 8월 사이, 더위가 본격적으로 무르익기 시작할 무렵 피어난다. 한 줄기에 수많은 작은 꽃들이 모여 우산 모양으로 둥글게 핀다. 이 꽃들은 마치 벌과 나비를 위해 길을 내준 듯 그윽한 꿀 향기를 머금고 있어, 숲길을 거닐다 보면 윙윙거리는 곤충들의 합창을 쉽게 들을 수 있다. 특히 꿀벌과 호랑나비, 그리고 다양한 나방들이 이 꽃에 몰려드는 장면은 생태적 다양성이 살아 숨 쉬는 여름 숲의 단면을 보여준다.

금마타리는 키가 60~100cm 정도로 자라며, 줄기는 곧고 위로 뻗는다. 잎은 깃털처럼 나뉘며 가장자리에 톱니가 있는 것이 특징이다. 전초 전체에서 은은한 향기가 나는 것이 이 식물의 또 다른 매력이다. 오래전부터 사람들은 금마타리를 한방에서 약재로도 사용했다. 열을 내리고 피를 맑게 하며, 몸속 독을 푸는 데에 도움이 된다고 여겨져 민간에서는 해열제나 해독제로 사용하기도 했다.

꽃이 피는 시기가 한창 더위가 시작되는 무렵이어서, 가뭄과 고온에도 비교적 잘 견디며 토양의 수분을 유지하는 역할을 한다. 그 뿌리는 깊이 박혀 있어 비탈진 곳의 토양 유실을 막아주기도 하며, 다른 식물들이 자랄 수 있도록 환경을 조성해 준다.

바위틈에서 자라는 금마타리는 국내 고산지대에서 자생하는 우리나라 특색 식물이다. 특히 '포천', '강화', '연천', '가평', '홍천' 등지의 산비탈과 초지, 개간지, 얕은 숲 가에 자주 분포하며, 때로는 희귀하게 군락을 이룬다. 그런 모습은 여름 숲의 생태적 건강성을 가늠할 수 있는 하나의 지표가 되기도 한다. 그러나 도시화와 무분별한 개발로 인해 자생지가 파괴되면서, 일부 지역에서는 점차 보기 어려운 꽃이 되어가고 있다.

금마타리(학명: Patrinia saniculifolia Hemsl)

금마타리는 화려함보다는 은은함으로, 자기주장보다는 조화로 숲의 일부가 되어 살아간다. 하지만 그런 묵묵한 삶 속에서도 계절이 바뀌면 반드시 자신의 차례를 알고 꽃을 피운다. 누군가에게는 그저 스쳐 지나가는 풀꽃일지 몰라도, 누군가의 눈에는 그 노란 별빛이 가장 찬란한 여름의 시작일 것이다.

잔대,
산의 품에서 자라난 은은한 약초의 기억

산속 능선이 붉게 물들어가는 늦여름에서 초가을의 길목, 하늘이 높고 바람이 선선해질 무렵, 산자락에 들어서면 곧잘 눈에 띄는 들풀 하나가 있다. 그리 요란한 색도 아니고, 눈에 띄게 큰 키를 자랑하지도 않지만, 잔잔한 보랏빛으로 계절의 변화를 알리는 야생화, 바로 '잔대'다.

잔대는 초롱꽃과에 속하는 여러해살이풀로, 이름에서 풍기듯 얇고 가느다란 형태를 지니고 있다. 키는 1미터 내외까지 자라며, 줄기는 길게 뻗고 덩굴성으로 다른 식물에 의지해 자라거나 스스로 휘감아 오르기도 한다. 마디마다 잎이 나며, 잎은 끝이 뾰족하고 가장자리에 잔톱니가 있어 부드럽고 섬세한 인상을 준다. 하지만 무엇보다도 잔대를 대표하는 모습은 늦여름부터 피는 그 독특한 꽃이다.

잔대의 꽃은 종처럼 생겼으며, 연보라색이나 청보라색을 띤다. 꽃잎 안쪽에는 진한 자주색의 맥과 점무늬가 퍼져 있어 마치 수묵화 같은 기품을 자아낸다. 이 꽃은 고개를 푹 숙이고 아래를 향해 피기 때문에, 무심히 스쳐 가면 눈에 잘 띄지 않는다. 하지만 한번 그 자태를 들여다보면, 안쪽에서 퍼져 나오는 색감과 형태의 정교함에 놀라게 된다. 그 은은한 아름다움은 보는 이로 하여금 가을의 시작을 조용히 되새기게 한다.

잔대는 주로 중부 이북의 산지, 특히 해발 300m 이상 되는 숲 가장자리나 풀숲에서 자란다. 빛이 완전히 들지 않는 반그늘 환경, 물 빠짐이 좋고 유기물이 풍부한 토양을 좋아하며, 특히 다른 초본류와 함께 어우러진 잡초지나 산기슭에서도 잘 자란다. 뿌리는 굵고 단단하며, 지하에서 튼튼한 덩이뿌리를 형성하는데, 이 때문에 예로부터 잔대는 약용식물로도 이름이 높았다.

한방에서는 잔대 뿌리를 '백삼칠白三七' 또는 '사삼沙蔘'이라 하여, 기침과 가래, 해열 등에 효과가 있는 것으로 여긴다. 호흡기를 보호하고 원기를 보충하는 데 좋다고 하여, 민간에서는 뿌리를 말려 차로 마시기도 하고, 나물로 무쳐 먹기도 한다. 다만 야생에서 함부로 채취하는 것은 생태계 보호의 차원에서 자제해야 할 일이다.

잔대는 생태적으로도 중요한 식물이다. 꽃의 꿀은 늦여름 벌과 나비들에게 귀중한 먹이가 되며, 종자는 늦가을에 터져 퍼지면서 주변으로 천천히 번져 간다. 특이한 점은 잔대의 씨앗이 주변 환경에 따라 발아율이 크게 달라진다는 것이다. 햇빛과 습도가 적절히 조화를 이루는 환경에서만 안정적으로 발아하기 때문에, 무분별한 벌채나 환경 교란은 잔대의 군락 유지에 큰 영향을 줄 수 있다.

최근에는 야생의 잔대를 보호하기 위해 일부 지역에서 자생지를 중심으로 생태조사를 진행하고 있으며, 재배와 복원 사업도 추진 중이다. 특히 경기도, 강원도, 충청북도 일부 산지에서는 자생 군락이 상대적으로 풍부하게 유지되고 있어 보호가 강조되고 있다.

잔대는 조용히 자연과 어울려 살아가는 식물이다. 화려하게 자신을 드러내기보다는, 계절이 가을로 접어들었음을 알려주는 들판의 시인처럼, 그 존재감을 꽃잎 하나로 노래한다. 산에 오를 일이 있다면, 풀잎 사이에서 고개를 숙이고 있는 보랏빛 초롱 하나를 찾아보자. 그 작은 들꽃이 들려주는 계절의 이야기는, 말없이 다가온 가을보다도 더 따뜻하고, 더 풍요롭다.

잔대(학명: Adenophora triphylla var. japonica)

원추리,
여름 들판을 밝히는 황금빛 물결

초여름 들녘에서 반짝이는 햇살을 머금고 피어나는 원추리는, 한 폭의 수채화처럼 주변 풍경을 밝히는 식물이다. 유려하게 뻗은 가느다란 잎 사이로 길쭉한 꽃대가 솟아올라, 황금빛에서 오렌지색, 연한 노랑까지 다양한 빛깔의 꽃들이 하나둘 피어난다. 원추리는 백합과 원추리속에 속하며, 한국을 비롯한 동아시아 지역에 널리 자생하거나 재배된다. 잎이 좁고 길며 뿌리에서부터 포개져 나오는 모양이 마치 '날이 긴 풀' 같다고 해서 '원추리萱草'라 불린다. 예로부터 '시름을 잊게 해주는 풀'로 여겨져 '망우초忘憂草'라는 별칭도 있었으며, 문학과 민간신앙, 그리고 식문화와 약용의 영역에서도 두루 사랑받아 온 식물이다.

원추리라 하면 백합과 원추리속의 식물 모두, 또는 그중의 한 종인 헤메로칼리스(Hemerocallis fulva L.)를 가리킨다. 긴 꽃 통이 있고,

백합과 비슷한 노란 꽃이 피는 여러해살이식물로 높이 1m 내외이다. 산지 초원에서 자란다. 뿌리가 방추형으로 굵어지는 덩이뿌리가 있다. 잎은 길이 60~80cm로 밑에서 2줄로 마주난다. 끝이 둥글게 뒤로 젖혀지며, 흰빛이 도는 녹색이다. 원추리류의 꽃은 6월에 개화하며, 모두 당일에 피고 진다. 꽃잎은 피침형으로 뒤로 젖혀지고 안쪽 꽃잎이 바깥 꽃잎보다 넓다. 통부筒部 및 수술은 꽃잎(꽃덮이)보다 짧다. 꽃줄기 끝에서 짧은 가지가 갈라지고 6~8개의 꽃이 총상으로 달린다. 꽃은 등황색으로 산방꽃차례를 이루며, 길이 10~13cm 정도이다. 꽃턱잎(꽃대의 밑이나 꽃자루의 밑을 받치고 있는 녹색 비늘 모양의 잎)은 선상 피침형이며 길이 2~8cm로, 윗부분의 것은 가장자리가 막질膜質이다. 작은 꽃자루는 길이 1~2cm이고 밑부분이 꽃대에 붙어 있으며, 통부는 길이 1~2cm이다. 내화피는 긴 타원형이고 끝이 둔하며 가장자리가 막질이다. 수술은 6개로 통부 위 끝에 달린다. 암술대는 1개이고, 꽃밥은 선형이며 황색이다.

원추리는 그 종류가 다양하며, 형태와 생육 시기, 꽃의 색상에서 뚜렷한 차이를 보인다. 가장 널리 알려진 것은 노랑원추리다. 노랑원추리는 강원도 산지나 중북부 고산지대에 자라는 자생종으로, 깊은 산 숲이나 냇가 주변의 습한 환경을 좋아한다. 6월에서 7월 사이에 황금빛 꽃을 피우며, 바람에 흔들리는 모습이 무척 우아하다. 군락을 이루는 경우가 많아, 야생에서 마주하면 무성한 잎 사이로 들불처럼 타오르는 노란 꽃이 숲을 환히 밝히는 듯한 인상을 준다.

이에 비해 큰원추리는 남부 지역의 산과 들에서 흔히 볼 수 있다.

꽃이 크고 선명한 주황빛을 띠며, 개화 시기도 다소 이른 편이다. 도시 근교나 식물원에서도 쉽게 재배되며, 원예종으로 개량된 품종이 많다. 큰원추리는 상대적으로 햇볕이 잘 드는 양지에서 잘 자라며, 번식력도 뛰어나 식재 후 몇 해 만에 넓은 지역을 덮기도 한다.

또 다른 종류로는 좀원추리가 있다. 좀원추리는 이름 그대로, 전체적으로 작고 잎과 꽃의 크기가 아담하다. 주로 산기슭의 반그늘에서 자라며, 꽃 색은 연한 노랑에서 연주황빛까지 다양하다. 꽃은 작지만, 꽃대가 곧게 서 있어서 작은 몸집에 비해 존재감이 확실하다. 한여름 녹음 속에서도 포근하고 부드러운 인상을 남긴다.

최근에는 자생종과 외래종 간의 교잡으로 인해 원예용 원추리들이 다양하게 개발되고 있다. 꽃잎이 겹으로 피거나, 꽃 크기가 극단적으로 크거나 작은 품종, 색깔이 선홍빛이나 붉은빛에 가까운 품종들도 등장하고 있다. 이들 품종은 정원이나 공원 조경에 활용되며, 다양한 기후와 토양에서도 잘 적응하여 인기 있는 초화류로 자리잡았다.

원추리는 우리말로 '넘나물'이라 부르며, 지금도 봄철이면 어린싹을 데쳐 고추장과 참기름에 무쳐 먹는다. 생으로 국거리를 만들거나 튀김으로도 즐기며, 여름에는 꽃을 따서 김치를 담그거나 나물로 무쳐 먹기도 한다.

원추리의 뿌리는 멧돼지가 파먹을 만큼 영양이 풍부해 예로부터 자양강장제로 쓰였고, 녹말을 추출해 쌀이나 보리와 섞어 떡을 만들어 먹기도 했다. 꽃의 수술을 떼어낸 후 밥을 지을 때 넣으면 밥이 노랗게 물들고 향이 은은하게 배어 독특한 풍미를 느낄 수 있다.

노랑 원추리(학명: Hemerocallis citrina)

또한 원추리는 마음을 편안하게 하고 스트레스와 우울을 가라앉히는 약초로 널리 알려져 있다. 옛사람들은 이를 '흉격'을 다스리는 데 으뜸가는 약으로 여겼는데, 흉격이란 사악한 기운이 마음을 침범해 생기는 정신적 병을 뜻한다.

뿌리에는 아르기닌, 아데닌, 콜린 등 아미노산과 단백질이 들어 있어 여성 건강을 돕고 이뇨 작용을 한다. 달여 마시면 결핵균을 죽이는 효능이 있으며, 전초에도 이뇨·항염·지혈 작용이 있다. 해독력이 뛰어나 폐결핵, 빈혈, 황달, 변비, 소변불통 등에 두루 쓰였고, 간 기능을 돕는 데에도 효과가 있다. 월경불순이나 대하증에 좋은 풀로도 알려져 있다.

생태적으로 원추리는 매우 적응력이 뛰어난 식물이다. 다년생 초본으로서 추위와 더위, 건조와 습윤을 모두 견디며, 양지와 반그늘 모두에서 자란다. 뿌리 근처에서 잎이 포개져 나오는 구조는 수분 손실을 줄이고, 잎이 가늘고 길어 바람에도 잘 견딘다. 꽃은 하루 피고 지는 '일일화'의 특성이 있으며, 아침에 피었다가 저녁에는 시들지만 다음 날 또 다른 꽃이 피어나는 연속적인 개화 전략을 통해 수정의 기회를 넓힌다. 이러한 꽃 피는 방식은 짧은 여름철을 활용해 최대한 많은 수분자와 만나는 진화의 결과이기도 하다.

원추리는 한국의 야산과 들녘, 계곡과 고산지대까지 다양한 생태 환경에 자리 잡고 있으며, 계절이 깊어질수록 점점 더 다채로운 모습으로 나타난다.

꿀풀,
여름 숲가에 스미는 달콤한 속삭임

꿀풀은 여름 햇살이 내리쬐는 들판이나 산기슭, 또는 마을 근처의 풀숲에서 자주 만날 수 있는 작고 보랏빛을 띠는 꽃이다. 이름부터 달콤한 느낌이 감도는 이 풀은 오래전부터 사람과 함께 살아온 식물이며, 동시에 벌과 나비, 작은 곤충들에게도 꾸준히 사랑받는 여름의 야생화이다.

꿀풀은 꿀풀과에 속하는 여러해살이풀로, 보통 키가 10~30cm 정도로 자라는 비교적 낮은 초본 식물이다. 전체적으로 아담한 체형이지만, 잎과 줄기를 따라 고르게 분포한 부드러운 털 덕분에 가까이에서 보면 따스하고 부드러운 느낌을 준다. 줄기는 곧게 서거나 약간 기울어 자라며, 마디마다 마주나는 타원형의 잎은 톱니가 거의 없어 단정하고 매끄러운 인상을 남긴다. 이런 단순한 잎 모양은 화려한 꽃차례를 더 돋보이게 하는 배경 역할을 하기도 한다.

이 식물에서 가장 매력적인 부분은 단연 줄기 끝에 형성되는 수상 꽃차례이다. 작은 꽃들이 층층이 모여 피어나는 모습이 마치 작은 탑이나 미니어처 보랏빛 송이를 연상시키며, 초록 잎 사이에서 한층 선명하게 눈에 띈다. 꽃은 5월부터 7월 사이 본격적인 여름의 기운을 타고 피어나는데, 햇볕이 잘 드는 초지나 밭둑, 길가처럼 비교적 척박한 환경에서도 군락을 이루며 무리 지어 자라는 모습이 흔하다. 꽃 색은 대체로 보랏빛이지만, 지역과 환경에 따라 연한 보라색에서 깊고 진한 자줏빛까지 다양한 색조가 나타난다.

꽃의 구조를 자세히 들여다보면 더욱 흥미롭다. 꽃받침은 입술 모양으로 5갈래로 갈라져 있으며, 겉면에 약간의 털이 나 있어 꽃을 단단히 감싸고 보호한다. 화관은 아랫입술이 3갈래로 갈라져 있어 벌이나 나비 같은 곤충이 쉽게 착지하고 꽃꿀을 찾을 수 있도록 해 주는 형태이다. 수술은 모두 4개로, 그중 2개가 다른 2개보다 길어 꽃의 입체감을 더한다. 꽃이 진 뒤에는 작은 소견과가 형성되는데, 이 열매는 4개로 갈라지며 익으면 노란빛이 도는 갈색으로 변해 자연스럽게 땅에 떨어져 번식한다.

꿀풀의 이름은 꽃에 꿀이 많다는 데서 유래했다. 실제로 그 짧은 관 모양의 꽃에는 풍부한 꿀이 들어 있어서 벌이나 나비, 심지어는 아이들도 이 꽃을 따서 끝을 빠는 경우가 있었다. 그래서 예로부터 어린이들에게는 '꿀빨이풀', '꿀꽃'이라는 별칭으로도 불렸고, 민간에서 꿀풀꽃을 따서 차로 달여 마시거나, 상처나 염증 치료용으로 사용하기도 했다. 전통적으로 꿀풀은 열을 내리고 해독 작용이 있다고

꿀풀(학명: Prunella vulgaris)

알려져, 민간에서는 해열제, 인후염, 결막염 치료 등에 활용되었으며, 실제로 현대 약리학에서도 항염, 항균, 항산화 성분이 다수 확인되었다.

꿀풀은 다양한 생물들과 관계를 맺으며 살아간다. 앞서 말했듯이 꿀풀의 꽃에는 꿀이 많아 곤충을 유인하고, 이는 자연스레 수분을 돕는 결과로 이어진다. 그 덕분에 꿀풀 군락 주변은 벌과 나비의 날갯짓이 끊이지 않는 활기찬 생태 공간이 된다.

꿀풀은 주로 종자로 번식하며, 성숙한 종자가 땅에 떨어지면 쉽게 자리 잡아 새로운 개체로 자란다. 또한 지하로 뻗는 뿌리로도 번식해 점차 주변을 덮어 낮은 풀밭 군락을 형성한다. 우리나라 전역에서 비교적 흔하게 분포하며, 제주도를 비롯한 도서 지역부터 낮은 산지, 고지대 초지까지 다양한 환경에서 자란다. 특히 인위적 간섭이 적은 초지나 묵밭, 야산 주변에서 흔히 발견된다.

이처럼 강한 생명력과 확산력 덕분에 꿀풀은 인간의 손길이 없어도 스스로 터전을 넓혀가며 여러 초본 식물들과 조화를 이루어 살아간다. 그 아름다움은 화려하진 않지만 소박하다. 흔히 스쳐 지나칠 높이에서 조용히 보랏빛을 틔워 계절을 알리는 꿀풀은, 화려함보다 정직함으로 자연 속 한 자리를 채운다.

전반적으로 꿀풀은 크고 눈에 띄는 식물은 아니지만, 가까이 들여다볼수록 섬세한 아름다움과 단아한 매력을 지닌다. 여름 들녘에서 흔히 볼 수 있어 친숙하면서도, 자세히 살펴보면 자연의 정교함을 느끼게 해 주는 소박한 야생화이다.

노루오줌,
그늘진 숲의 보랏빛 숨결

노루오줌은 깊은 숲속, 볕이 드문드문 스며드는 그늘진 곳에서 조용히 자라나는 야생화다. 이름만으로도 사람의 발길을 멈추게 할 정도로 독특하고 정감 있다. 이 이름은 꽃이 핀 뒤 생기는 열매가 터질 때 '푹'하고 나는 소리나, 혹은 뿌리에서 풍기는 독특한 냄새에서 유래되었다고 한다. '노루가 놀라 오줌을 쌌다'라는 민간 전설처럼, 이 꽃의 이름에는 옛사람들의 유쾌한 상상력과 자연에 대한 관찰이 배어 있다.

노루오줌은 쌍떡잎식물 장미목 범의귀과에 딸린 여러해살이풀이다. 한국을 포함한 동북아시아 산지의 숲 가장자리나 계곡 주변에서 자생하며, 특히 울창한 활엽수림 아래에서 잘 자란다. 서늘하고 습한 환경을 좋아하는 식물로, 강한 직사광선을 피해 나무 그늘 아래 군락을 이루는 경우가 많다.

이 식물은 여러해살이풀로, 봄부터 땅속에서 줄기를 내밀고 여름 초입인 6월 무렵에 꽃을 피운다. 꽃은 길게 솟은 원추형의 꽃차례에 작고 수많은 꽃이 빽빽하게 달리는 형태다. 꽃 색은 보통 연한 자주색에서 짙은 보라, 때로는 흰빛에 가까운 분홍빛도 띠는데, 그 수수한 색조와 부드러운 질감은 숲속 풍경을 한층 더 서정적으로 만든다. 마치 여름 안개처럼 가볍고 섬세한 느낌이 들어, 사람들 사이에서는 '숲속 안개의 꽃'이라 불리기도 한다.

잎은 뿌리 근처에서 무더기로 나며, 길게 갈라진 깃 모양이다. 깊게 팬 잎맥과 가는 톱니가 있어 전체적으로 섬세한 인상을 주며, 짙은 녹색의 잎이 꽃의 은은한 색감과 대비되어 더욱 아름답다. 뿌리는 비교적 단단하고 향이 있는 것으로 알려져 있으며, 예로부터 민간에서는 강장제로 쓰이기도 했다.

노루오줌은 사람의 손을 타지 않아도 스스로 잘 자라며, 자생지의 생태계를 구성하는 중요한 역할을 한다. 특히 숲속의 낮은 층을 덮으며 토양 유실을 막고, 작은 곤충들에게는 귀중한 서식처이자 꽃꿀의 공급원이 되기도 한다. 꿀벌, 나비, 작은 나방류 등이 꽃 주변을 날며 숲에 생기를 불어넣는다.

최근에는 그 아름다움과 내음, 그리고 그늘에서 자랄 수 있는 식생 특성 때문에 조경용으로도 주목받고 있다. 특히 정원에서 양지식물과는 달리 그늘진 구역을 채워주는 식물로 인기가 높다. 그러나 자생지에서 무분별하게 채취되는 사례도 있어 보호의 필요성이 제기되고 있다.

노루오줌(학명: Astilbe chinensis)

노루오줌은 우리 땅의 그늘진 산자락과 숲 가장자리에서 살아가는 작은 존재이지만, 그 보랏빛 자태는 결코 작지 않다. 햇살보다는 이슬과 그늘을 택한 이 야생화는 소리 없는 방식으로 자연의 품 안에 피어난다. 소박하지만 깊은 아름다움을 지닌 노루오줌은, 마치 자연의 숨결처럼 조용히 피었다가 조용히 사라지며, 우리에게 숲의 생명력이란 무엇인지를 말없이 들려준다.

노랑어리연,
물 위에 핀 햇살의 숨결

한여름, 정적이 가득한 저수지나 늪지대를 걷다 보면 고요한 물 위에 작은 노란빛 점 하나가 시선을 붙잡는다. 처음엔 잔물결인가 싶지만, 가까이 다가서면 그것은 단정하고 조용한 한 송이 꽃이다. 노랑어리연이다.

물 위에 피어나지만 연꽃도, 수련도 아닌 이 특별한 여름 들꽃은 물속 깊숙이 뿌리를 내린 채 수면 위로 햇살을 닮은 노란 꽃을 조용히 밀어 올린다. 우리나라 남부 지방에 자라는 조름나물과의 여러해살이 수생식물로, 7월부터 9월까지 물가나 늪, 연못, 느리게 흐르는 물줄기 위에 떠 있는 듯한 모습으로 꽃을 피운다. 우리나라에만 자생하는 고유종이자 멸종위기종으로, 그 존재만으로도 귀하고 아득한 아름다움을 지닌다.

작고 둥근 잎은 연잎처럼 수면에 떠 있고, 그 가운데서 길게 뻗은

노랑어리연(학명: Nymphoides peltata)

꽃대 끝에 노란 꽃이 핀다. 다섯 갈래로 나뉜 꽃잎 가장자리에는 미세한 털이 나 있어 레이스처럼 섬세한 느낌을 준다. 꽃잎 위로 맺힌 투명한 이슬은 마치 물과 햇빛이 합쳐 만든 작은 수정구슬 같다. 잎은 난형으로 가장자리에 얕은 톱니가 있으며 한 번 가볍게 갈라지고, 윗면은 녹색, 뒷면은 녹갈색을 띤다. 잎 뒷부분에는 작은 부레가 있어 물 위에 안정적으로 떠 있을 수 있다. 또한 너무 깊은 물에서는 잘 자라지 못하기 때문에 수심이 얕은 곳에서 볼 수 있다.

땅속줄기는 물속 흙을 따라 길며 잔뿌리를 내리고 새로운 개체를 만들어낸다. 꽃은 6~7월에 노란색으로 피며, 꽃줄기는 물속 잎겨드랑이에서 올라온다. 한 송이 꽃의 수명은 하루뿐이지만, 주변의 다른 꽃봉오리들이 차례로 피고 지며 긴 시간 동안 꽃을 감상할 수 있다.

노랑어리연은 한 송이로도 아름답지만, 무리 지어 피어날 때 비로소 깊은 존재감을 드러낸다. 경기도 파주시 탄현 습지, 충남 아산 곡교천 유역, 전남 담양 죽녹원 인근 습지 등지에서 그 군락을 만날 수 있다. 수면 위에 점점이 떠 있는 수백 송이의 노란 꽃들이 바람 한 점 없이 흔들릴 때, 그 풍경은 한 폭의 수채화가 아니라 "물 위에 떠 있는 살아 있는 시詩"가 된다.

꽃이 예쁘고 특별한 관리 없이도 잘 자라기 때문에 연못에 많이 심어지기도 한다. 땅속줄기를 통한 번식력이 좋아 작은 연못 하나쯤은 금세 뒤덮을 정도다.

습지에는 늘 침묵이 먼저 자리한다. 바람은 속삭이고, 새들은 멀찍이서 지켜볼 뿐이다. 그 고요한 수면 위에 선명하게 떠 있는 노랑어리연은 마치 세상의 모든 소음이 가라앉은 뒤에야 피어나는 생명처럼 느껴진다. 흔하지 않고 쉽게 만날 수도 없는 그 자리에서, 이 꽃은 존재 자체로 하나의 풍경이 된다.

이름처럼 '노란 어린 연蓮'을 닮았지만, 노랑어리연은 연꽃의 어린 시절이 아니라 자신의 세계를 가진 또 다른 생명이다. 물속 깊이 뿌리를 내리고, 물결의 흔들림 속에서도 제 자리를 잃지 않으며, 다시 수면 위로 떠올라 꽃을 피운다. 낮은 곳에 자신을 두되 가장 밝게 피어나는 그 고요한 태도는 자연이 우리에게 건네는 한 가지 이치와도 같다. 스스로를 드러내려 하지 않아도 빛나는 것은 결국 가장 먼저 눈에 들어오는 법이다. 노랑어리연은 바로 그 진실을 조용히 보여준다.

패랭이꽃,
바람을 베고 피어난 야생의 품격

여름 들판에서 패랭이꽃은 키 작은 풀들 사이에 돋아나 비교적 쉽게 눈에 띈다. 이 꽃은 가늘고 곧은줄기 끝에 붉은빛이나 선홍빛의 꽃을 하나씩 피우는데, 꽃잎의 가장자리가 잘게 갈라진 것이 특징이다. 이러한 형태는 멀리서 보아도 인상적이며, 가까이에서 관찰할 경우 그 섬세함이 더욱 두드러진다. 패랭이꽃이라는 이름은 꽃의 모양이 과거 선비들이 쓰던 '패랭이' 모양과 비슷하다는 데서 유래하였다.

패랭이꽃은 석죽과에 속하는 여러해살이풀로, 한국에서는 6월에서 9월 사이에 주로 산지 초원, 들판, 묵밭, 마을 주변 등 다양한 환경에서 발견된다. 식물의 높이는 보통 30~70cm 정도이며 줄기는 곧고 가늘며, 잎은 길쭉한 선형으로 진한 녹색을 띤다. 꽃은 절반 정도가 갈라진 5장의 꽃잎으로 이루어져 있으며, 표면에는 중심부에서 가장자리로 번지는 가느다란 줄무늬가 존재한다. 이 줄무늬는 종

패랭이꽃(학명: Dianthus chinensis.)

에 따라 색이나 형태가 조금씩 다르며, 꽃의 색 또한 자주색, 선홍색, 붉은 분홍색 등 다양한 변이를 보인다. 드물게 연보랏빛이나 흰색 개체가 나타나기도 한다.

이 식물은 강원도 양구와 평창, 충북 제천, 경북 안동과 같은 고지대 풀밭에서 자주 관찰되며, 인위적 간섭이 적고 토양이 비옥하지 않은 지역에서도 잘 자란다. 휴경지, 도로변 잘린 땅, 바람이 잘 통하고 햇빛이 강한 환경에서도 군락을 이루는 경우가 많다. 패랭이꽃은 척박한 환경에서 생육이 가능하다는 점에서 비교적 강한 적응력을 지닌 것으로 평가된다.

군락을 이룰 때에도 패랭이꽃은 다른 들꽃과 비교해 과도하게 번식하거나 외형적으로 강하게 눈에 띄지 않는다. 여러 송이가 함께 피어 있어도 각각의 꽃이 독립적으로 가지 끝에서 피어나 균일한 형태를 유지하는 특징이 있다. 이러한 점은 생태적 군집 속에서 개체 간 간섭을 최소화하는 구조적 특징으로 이해할 수 있다.

패랭이꽃의 꽃말은 '순결한 사랑', '기다림', '야성의 우아함'으로 알려져 있다. 이는 꽃의 외형적 특성과 생태적 특성에서 기인한 것으로 보인다. 꽃잎의 날카로운 가장자리와 대비되는 섬세한 구조, 바람에 흔들리지만 쉽게 꺾이지 않는 생육 특성 등이 그러한 이미지 형성에 영향을 미쳤다. 문학 작품에서는 패랭이꽃이 고독이나 존엄성을 상징적으로 나타내는 경우가 종종 있으며, 이는 외딴곳에서 단독으로 피어 있는 생육 습성과 관련이 있다.

또한 패랭이꽃은 벌과 나비에게 중요한 밀원식물이다. 꽃 내부에는 향기와 꿀이 저장되어 있어 곤충들이 한여름 내내 방문하며, 이는 주변 생태계의 수분 활동과 종 다양성 유지에 기여한다. 이러한 점에서 패랭이꽃은 들판 생태계에서 단순한 장식적 존재를 넘어 중요한 기능적 역할을 담당한다.

분홍장구채,
바람에 춤추는 여름의 사랑노래

여름 들길을 걷다 보면 어느 순간 바람 속에서 분홍빛이 스쳐 지나가곤 한다. 그것은 꽃이라기보다는 바람과 함께 움직이는 하나의 실루엣에 가까운 모습이다. 가늘고 유연한 줄기 끝에 작은 분홍 꽃잎이 매달려 바람이 불 때마다 가볍게 흔들리는 모습은, 마치 오래된 민요 한 자락이 풀밭 위로 흘러나오는 듯한 인상을 준다. 이 꽃의 이름은 분홍장구채로, 장구채라는 이름에는 음악적 이미지와 리듬감이 담겨 있다. 꽃잎의 형태가 장구채와 유사하여 붙여진 이름이지만, 실제로는 꽃 자체가 한 무용수처럼 느껴지기도 한다. 여름 들판을 무대로 삼고 바람을 반주로 삼아 흔들리는 이 꽃은, 여름이라는 계절이 지닌 감각적 서정을 몸짓으로 드러내는 듯하다.

분홍장구채는 대체로 무리 지어 자라는 경향이 있다. 길가나 풀밭, 인적이 드문 둑길 등에서도 흔히 관찰된다. 가느다란 줄기에서 꽃이 하나둘 피어나기 시작하면 그 주변은 금세 분홍빛의 물결로 변하며, 이는 혼자 피는 꽃보다 무리 지어 피어날 때 더 큰 아름다움을 드러낸다는 사실을 보여준다.

잎은 마주나기 하며 길고 달걀형 또는 피침형을 이루고, 밑부분이 좁아져 잎자루처럼 보인다. 길이는 1~4cm, 너비는 4~16mm이며 위쪽으로 갈수록 작아져 포와 연결된다. 가장자리는 밋밋하고 끝은 뾰족하다. 꽃은 10~11월에 개화하며 분홍색으로 가지 끝에 밀생한다. 꽃받침은 통 모양으로 길이 8mm, 지름 4mm이며, 겉면에는 10개의 녹색 맥과 구부러진 털이 분포하고 끝은 5개로 갈라진다. 꽃잎은 5개이며 길이 10mm, 너비 2mm로, 약 2mm 깊이로 갈라진다. 수술은 꽃잎 아래에 붙어 밖으로 길게 뻗고, 암술대는 2~4개이며 길이는 약 9mm이다. 줄기는 약 30cm 높이로 마디가 뚜렷하게 돌출되며, 전체적으로 구부러진 털이 밀생한다. 밑부분에서 여러 대가 나오고, 잎겨드랑이에서 굵은 가지가 길게 뻗기 때문에 원줄기는 비스듬하게 눕는 형태로 자라는 경우가 많다.

꽃을 가까이 들여다보면, 한 송이마다 서로 다른 분위기와 표정을 지닌 듯한 느낌을 준다. 어떤 꽃은 활짝 피어 밝은 인상을 주고, 어떤 꽃은 수줍게 오므라든 형태를 보인다. 좁은 꽃잎 사이로 작은 곤충들이 오가며, 바람은 끊임없이 꽃줄기를 흔든다. 네 갈래로 갈라진 꽃잎 사이로 여름 햇살이 스며들면, 꽃은 스스로 빛을 머금은 듯 환하게 빛난다.

이 꽃은 강한 생장력을 가진 편은 아니다. 비가 오면 고개를 숙이고, 바람이 강하면 몸을 크게 흔들리며 휘청거린다. 그러나 쉽게 쓰러지지 않고, 기울어진 자리에서 다시 조금씩 몸을 일으키며 버틴다.

분홍장구채는 자생지와 개체수가 풍부하지 않아, 자생지 확인과 유전자원의 보전이 필요하다. 많은 사람들에게는 흔한 들꽃처럼 보일 수 있으나, 관심을 기울여 바라보는 이에게는 그 존재 자체가 하나의 정서적 울림을 제공한다. 분홍장구채는 연약한 생명들이 서로 기대어 살아가는 모습을 닮았으며, 여름 들판을 수놓는 하나의 서정적 노래와도 같은 존재이다.

분홍장구채(학명: Silene capitata Kom)

애기똥풀,
노란 상처, 치유의 비밀

숲길 가장자리, 산책로 옆 무심코 스쳐 지나는 풀들 사이에서, 유난히 밝고 작은 노란 꽃이 눈길을 끈다. 초록색 잎사귀 위로 별처럼 피어난 이 꽃은 애기똥풀이다. 이름만 들어도 웃음이 나올 듯한 이 작고 소박한 풀은, 그 생김새만큼이나 묘한 사연을 품고 있다.

애기똥풀은 양귀비과에 속하는 여러해살이풀로, 봄에서 여름 사이 들판과 산자락, 길가 어디서나 쉽게 만날 수 있다. 다 자란 키는 어른 무릎 정도지만, 꽃은 손톱보다도 작아 주의를 기울이지 않으면 눈에 잘 띄지 않는다. 하지만, 이 풀의 진짜 특징은, 줄기를 꺾었을 때 흘러나오는 진한 주황빛 즙액에 있다. 바로 이 즙액이 마치 아기의 설사처럼 노란빛을 띤다 하여, '애기똥풀'이라는 이름이 붙었다.

어쩌면 이름부터가 너무 솔직해서, 사람들은 이 풀을 장난처럼 여겼는지도 모른다. 하지만 이 노란 진액은 오래전부터 민간에서 피부

병을 치료하는 약으로 쓰였다. 사마귀나 티눈, 옻오름, 습진 같은 질환에 즙액을 바르면 효과가 있다는 이야기가 전해 내려온다. 다만 독성이 있어 함부로 먹어서는 안 되며, 생즙을 눈에 넣거나 민감한 부위에 바르면 오히려 해가 될 수 있다.

그 독성과 약성 사이, 애기똥풀은 늘 경계에 서 있다. 마치 어른이 되기를 거부하는 아이처럼, 겉모습은 천진난만하지만, 그 속에는 복잡하고 섬세한 생화학이 꿈틀댄다. 이름처럼 유쾌하게 들리지만, 그 생은 한낱 장난이 아니다. 꽃은 해를 따라 고개를 돌리고, 바람에 이리저리 흔들리다가도, 해가 지면 조용히 잎을 오므린다. 짧은 개화의 순간에 온 힘을 다해 노란빛을 뿜어내는 모습은, 오히려 인생의 짧고 눈부신 한순간을 닮았다.

조선 시대의 한방 서적 『동의보감』에서도 이 애기똥풀에 대한 기록이 남아 있다. 황련이나 치자와 함께 '열을 내리고 독을 다스리는 약초'로 분류되어 외용약으로 많이 활용되었다. 특히 사마귀 제거에 탁월하다는 평이 있어 지금도 산골 어르신 중엔 애기똥풀을 약으로 아는 이들이 많다.

그러나 도시에서 자란 이들에게 애기똥풀은 이름조차 낯설다. 그저 길가의 풀, 예쁘긴 하지만 그저 그런 들꽃일 뿐이다. 하지만 가만히 들여다보면, 애기똥풀은 너무도 성실하게 자신의 자리를 지키고 있다. 사람의 손길이 닿지 않는 틈새에서 피고, 벌레와 바람을 친구 삼아 조용히 번식한다. 누가 돌보지 않아도 매해 그 자리에서 노란 꽃을 피우는 끈질긴 생명력. 그것이야말로 야생화가 가진 가장 큰

애기똥풀(학명: Chelidonium majus)

힘이 아닐까.

한 손으로 줄기를 조심스레 꺾어보면, 금세 손끝에 묻어나는 노란 즙액. 문득 그것이 사람의 마음속 상처 같다는 생각이 든다. 누군가가 상처를 눌렀을 때 비로소 흘러나오는 진실, 그것이 치유로 이어지기도 하고, 더 깊은 아픔이 되기도 하는 이중성. 애기똥풀은 그렇게, 자연이 우리에게 건네는 조용한 은유다.

오늘도 애기똥풀은 숲 가장자리에서 조용히 피어난다. 아무도 눈여겨보지 않아도, 아무런 대단한 향기나 색을 뽐내지 않아도. 그저 자신에게 주어진 자리에서, 조용히 세상을 향해 노란 빛을 발할 뿐이다. 그 모습이 문득 우리가 잊고 지낸 겸손과 인내, 그리고 진정한 강인함을 닮았다.

벌개미취,
붉은 기운을 품은 들꽃

여름 햇살이 깊어지고, 들판의 바람이 풀잎 사이로 스며드는 즈음, 이름조차 낯설지만 묘하게 정감 가는 한 야생화가 고개를 든다. 바로 벌개미취다. 입안에서 한 번 더 굴려야 어울릴 듯한 이 이름은 '벌처럼 생긴 개미'도 '취한다'라는 뜻도 아니다. 국화과에 속하는 작은 야생화의 이름일 뿐이다. 풀꽃의 명명은 가끔 장난처럼 우리를 웃기지만, 자연의 이름에는 언제나 이유가 숨어 있다.

들판을 걷다 보면, 키가 제법 큰 벌개미취가 보랏빛 꽃잎을 활짝 펼친 모습을 볼 수 있다. 중심에서부터 퍼져 나오는 노란 꽃술은 마치 작은 해를 닮았고, 그 주변을 부드러운 자줏빛 꽃잎들이 둥글게 감싼다. 겉보기에는 하나의 꽃송이처럼 보이지만, 사실 벌개미취의 꽃송이는 수많은 작은 꽃들의 연합체다. 개화 시기는 6월 말부터 시작하여 한여름을 지나 10월까지 꽃이 피는 여러해살이 국화과 식물로, 주로 8월 중순부터 10월까지가 가장 아름다운 개화 시기이다.

벌개미취가 처음 우리 땅에 모습을 드러낸 것은 20세기 중반, 북미에서 건너온 외래종이었다. 의도된 침입이 아니라, 사람 손에 묻어온 씨앗들이 어느새 들녘에 터를 잡고 스스로 삶을 꾸리게 된 것이다. 처음에는 낯설었지만, 이제는 여름이면 익숙하게 마주치는 꽃이 되었다. 도시 근교의 공터나 산책길, 도로변에서도 쉽게 볼 수 있는 '흔하지만 예쁜' 들꽃으로 자리 잡았다.

벌개미취는 경기도 이남의 산이나 들에서 자라는 다년생 초본으로, 햇볕이 잘 들고 물기가 있는 곳에서 잘 자란다. 키는 50~60cm 정도이며, 잎은 앞으로 길게 뻗고 끝이 뾰족하다. 잎의 길이는 12~19cm, 폭은 1.5~3cm 정도이고, 가장자리에 작은 톱니가 있다. 위쪽으로 갈수록 잎은 점점 작아진다. 상층부의 꽃은 연한 자주색과 연보라색을 띠며, 줄기나 가지 끝에 하나씩 달린다. 열매는 11월에 시든 꽃잎과 함께 맺히며, 길이 4mm, 너비 1.3mm 정도의 타원형으로 털이 없다.

벌개미취의 가장 큰 매력은 색의 기품이다. 채도가 높지 않은 연자줏빛은 한낮의 강한 햇살 속에서도 눈을 시리지 않고, 구름 낀 날에는 은은한 수채화처럼 풍경에 녹아든다. 가까이서 보면 꽃잎 하나하나가 가느다랗고 얇아, 바람이 스치기만 해도 살랑살랑 흔들린다. 그 움직임 속에는 여름의 자유로움과 들풀의 쓸쓸한 자존심이 동시에 담겨 있다.

벌개미취는 꿀벌과 나비, 작은 꽃 벌들이 특히 좋아하는 여름꽃 중

벌개미취(학명: Aster koraiensis Nakai)

하나다. 이들이 꽃술 위를 맴도는 모습은, 꽃의 측면에서 보면 분명 사랑의 협상이자 공존의 기술이다. 꽃은 꿀을 내어주고, 곤충은 수분을 맡는다. 그렇게 여름 들판은 끊임없이 피고, 날고, 흔들리며 생명의 장을 이어간다.

군락지는 대부분 양지바른 경사지나 도로 옆 풀밭, 산비탈의 얕은 흙 터에 분포한다. 벌개미취는 습한 땅보다 건조한 곳을 더 선호하고 스스로 씨앗을 멀리 흩뿌리며 영역을 넓힌다. 인간이 관리하지 않는 땅, 즉 버려진 것처럼 보이는 공간에서 오히려 가장 풍성하게 자란다. 마치 사람의 간섭이 적은 곳에서 자기다운 삶을 살아가는 들꽃의 자긍심 같다.

앉은좁쌀풀,
들녘 가장 낮은 자리에 피는 고요한 꽃

앉은좁쌀풀은 우리나라 각처의 깊은 산, 건조한 풀숲에서 나는 반기생 일년생 초본이다. 여름 들판의 가장 낮은 곳에서 피어나는 조용한 꽃이다. 바람도 굽히고 지나가는 풀숲 아래, 흙과 맞닿은 가장자리에서 이 꽃은 고개를 들지 않는다. 줄기는 땅을 기듯 엎드리고, 마디마다 잎을 달며, 그 끝에 연보랏빛의 작은 꽃이 하나둘 올라온다. 이름 그대로 '앉은' 자세로 자라고, 꽃은 좁쌀처럼 작고 소박하다.

한 송이의 크기는 지름 5mm 안팎으로, 가까이 다가가지 않으면 쉽게 놓치고 마는 크기다. 그러나 그 작음 속에도 놀랍도록 섬세한 구조가 숨어 있다. 나비 날개처럼 갈라진 꽃잎 사이로 작은 수술과 암술이 고르게 자리 잡고 있고, 벌과 나비, 심지어 작은 개미들까지 유혹할 수 있는 꿀샘도 어김없이 들어 있다.

앉은좁쌀풀은 6월부터 9월까지, 여름을 통째로 품은 채 피고 진다. 다른 꽃들이 햇살 아래에서 높이 솟아 빛을 받는 동안, 이 풀은 땅에 바짝 엎드려 바람의 끝자락과 낮은 볕만으로도 족하다는 듯 살아간다. 키는 10cm 내외로 작고 줄기는 길게 옆으로 뻗으며, 습한 곳일수록 마디마다 뿌리를 내려 무리를 이룬다. 하천 변 풀밭, 밭둑의 경사지, 유휴지의 다습한 초지 같은 곳에서 자주 발견되며, 토양의 비옥도와 상관없이 조용히 군락을 넓혀 간다. 한 평 남짓한 땅 위에 수십 포기의 앉은좁쌀풀이 퍼져 있으면, 눈에는 잘 보이지 않더라도 그 공간 전체는 은은한 보랏빛으로 물들어 있다.

바람이 스치면 줄기와 잎이 동시에 흔들리고, 작은 꽃들이 떨리는 풀잎 위에서 이리저리 출렁인다. 그 움직임은 격렬하지 않지만, 이상하리만큼 뚜렷한 존재감을 남긴다. 이 식물은 자신의 크기를 넘어서려 하지 않는다. 줄기를 뻗되 높이 오르지 않고, 꽃을 피우되 화려함을 의도하지 않는다. 오히려 조용한 번식과 낮은 생존으로 자기 자리를 지켜내는 식물이다. 줄기의 마디마다 뿌리를 내리는 방식은 확산보다는 확장을 뜻하며, 혼자 피기보다는 여러 개체가 함께 군락을 이뤄 존재하는 삶을 지향한다.

그래서 이 꽃은 혼자 있을 때보다 무리 지어 피어날 때 더 뚜렷해진다. 언뜻 스치기 쉬운 보랏빛도 수십 송이가 모이면 마치 낮은 물결처럼 퍼져 나간다. 생태적으로 앉은좁쌀풀은 관리가 필요 없는 강한 식물이다. 뿌리는 얕지만 지지력은 좋고, 척박한 토양이나 간헐적 건조에도 잘 견디며, 일조량이 충분한 자리에서는 매년 꽃을 피운다. 번식은 종자보다도 마디에서 새로운 뿌리를 내리는 무성생식

앉은좁살풀(학명: Euphrasia maximowiczii Wettst.)

에 의존하는 경우가 많고, 때문에 한 번 자리를 잡으면 해마다 같은 자리에 피어난다. 그러니 이 꽃이 피었다는 것은 그 자리에 뿌리내린 시간이 이미 여러 해 축적되었음을 뜻한다.

사람들은 이 꽃의 이름을 잘 모른다. 알아도, 그냥 지나치는 이름 가운데 하나일 가능성이 크다. 그러나 앉은좁쌀풀은 그런 무명의 존재들 가운데서도 자기 자리를 알고, 계절 안에서 피고 지는 법을 아는 식물이다. 그 모습은 마치 말하지 않는 이들이 들려주는 조용한 진실과도 닮았다. 보이지 않는 곳에서 살아가는 생명들이 보여주는 절제된 생애. 작지만 부드럽고, 낮지만 깊은 삶. 앉은좁쌀풀은 그런 존재다. 크지 않아서 누군가를 덮을 수는 없지만, 피어 있다는 사실만으로도 공간을 바꾸는 힘을 지닌 풀. 누군가의 발끝에도 쉽게 꺾일 수 있는 자리에서, 꺾이지 않고 해마다 다시 피는 풀. 그래서 이 작고 낮은 들꽃은 말하지 않아도 오래 마음에 남는다.

CHAPTER

3

황금 가을, 결실과 아름다움

쑥부쟁이,
번신력 좋은 다년생 야생화

가을 들녘을 천천히 걷다 보면, 바람에 잔잔히 흔들리는 연보랏빛 꽃들이 눈에 들어온다. 화려하게 시선을 끄는 대신, 차분하면서도 오래도록 기억에 남는 부드러운 아름다움을 지닌 이 꽃은 바로 '쑥부쟁이'이다. 우리나라 사람들에게 오래전부터 익숙한 들꽃이지만, 자세히 들여다보면 그 단정한 아름다움은 다시금 감탄을 자아낸다.

쑥부쟁이는 국화과의 여러해살이풀로, 줄기는 곧게 서 있지만 지나치게 딱딱하지 않아 바람에 부드럽게 흔들린다. 보통 40~80cm 정도로 자라며, 줄기 마디가 단정하게 뻗어 전체적으로 정돈된 느낌을 준다. 잎은 긴 타원형 또는 넓은 피침형으로, 가장자리에 뚜렷한 톱니가 거의 없어 매끈한 인상을 준다. 손끝으로 만져보면 두껍지 않으면서도 약간의 탄력이 느껴지고, 잔털이 많지 않아 부드러운 촉감을 전한다.

쑥부쟁이의 가장 큰 매력은 역시 꽃이다. 늦여름이 끝나고 가을이 시작될 즈음, 연보랏빛 설상화가 둥글게 펼쳐지고 중앙에는 밝은 노란색 통꽃이 모여 따뜻하고 깨끗한 색 대비를 만든다. 꽃 하나의 크기는 2~3cm 정도로 크지 않지만, 여러 송이가 모여 피면 산들바람에 일렁이는 작은 파도처럼 아름다움을 완성한다.

쑥부쟁이는 우리나라 전역에서 비교적 흔하게 볼 수 있는 야생화다. 햇볕이 좋고 바람이 적당히 드는 개방된 장소를 좋아하며, 산의 낮은 비탈이나 숲 가장자리, 들판의 길가, 마을 주변 밭둑, 냇가 주변 풀숲 등 사람의 손이 많이 닿지 않은 자연스러운 초지에서 건강하게 자란다. 토양은 지나치게 습하지도 건조하지도 않은 곳을 선호하며, 억새·갈대·강아지풀 등 키가 비슷한 풀들과 함께 자라기도 한다. 남부 지역에서는 겨울이 비교적 온화해 군락을 넓혀 가는 경우가 많고, 중부와 북부에서도 추위를 잘 견뎌 매년 같은 자리에서 다시 모습을 드러낸다. 이렇게 쑥부쟁이는 주변 환경과 조화를 이루며 살아가는 '조용한 동반자' 같은 들꽃이다.

쑥부쟁이는 우리 들판에서 흔히 마주치는 몇몇 식물과 헷갈리기 쉽다. 하지만 몇 가지 특징만 알면 비교적 쉽게 구별할 수 있다. 참취는 쑥부쟁이보다 전체적으로 크고, 잎에 뚜렷한 톱니가 있으며 향이 강하다. 개망초는 꽃잎이 훨씬 가늘고 좁으며 흰색이 대부분이고, 키가 크고 줄기가 가늘다. 구절초는 꽃잎이 흰색 또는 연분홍색이 많고, 잎에 향이 있으며 모양이 더 갈라져 있다. 반면 쑥부쟁이는 잎이 매끈하고 꽃 색이 은은한 보라색이라는 점에서 쉽게 구분할 수 있다.

쑥부쟁이(학명: Kalimeris yomena Kitam.)

쑥부쟁이는 가을을 대표하는 들꽃으로, 곧게 선 줄기 위에 연보랏빛 꽃이 가볍게 올려진 듯한 단정한 모습이 특징이다. 잎은 매끈한 타원형이며, 꽃은 노란 중심부를 둘러싼 보랏빛 꽃잎이 조화를 이루어 한 폭의 풍경 같은 느낌을 준다. 전국의 산자락, 들판, 길가 초지 등 햇볕이 잘 드는 곳에서 흔히 자라며, 9월부터 늦가을까지 오랫동안 피어 주변 풍경에 은은한 색을 더한다.

천일홍,
천 개의 날을 넘겨도 시들지 않는 붉음

꽃의 이름에 숫자가 들어갈 때, 우리는 그 꽃을 조금 더 진지하게 바라보게 된다. 천일홍千日紅. 말 그대로 천 일 동안 붉다는 뜻의 이름을 가진 이 꽃은, 실제로도 매우 오래 피어 있는 식물이다. 개화 시기는 6월에서 10월까지 약 150일 이상이다. 가지째 꺾은 꽃은 시들지 않고 색이 잘 바래지 않아 꽃이 지고 난 후에도 마른 꽃으로 그대로 두면 몇 달, 혹은 해를 넘겨도 그 붉은빛이 여전히 남아 있다.

천일홍은 비름과에 속하는 한해살이풀로, 원산지는 남아메리카다. 국내에는 조경용, 화단용, 그리고 꽃꽂이용으로 널리 재배되며, 최근엔 도시 정원이나 공공조형물 앞에서 쉽게 볼 수 있을 만큼 친숙해졌다. 초여름에서 가을까지 꽃이 쉬지 않고 피고, 더위와 가뭄에도 강해 관리가 쉬우며, 무리를 이루어 군락지로 심을 경우 그 장관은 꽤나 이국적이다.

꽃의 높이는 보통 30~60cm, 꽃송이 하나의 크기는 평균 2~3cm, 둥글고 단단한 꽃 머리는 사실 꽃잎이 아니라 꽃턱(포엽)이다. 이 포엽이 마치 꽃잎처럼 색을 띠며, 그 안쪽에 아주 작은 실제 꽃들이 무수히 모여 있다. 가까이에서 들여다보면 작은 노란색 수술이 포엽 사이사이 얼굴을 내민다. 천일홍은 그 구조부터가 '지속'을 위한 식물이다. 색이 오래가고 수분 없이도 형태가 유지되며, 열에도 잘 견딘다. 무엇보다 꽃잎 대신 딱딱한 포엽이 형체를 보호하므로 꽃이 피어 있는 동안은 물론, 마른 뒤에도 형태가 거의 변하지 않는다.

천일홍의 대표적인 군락지는 서울 올림픽공원 들꽃마루, 대전 장태산 자연휴양림,순천만 국가정원,강원도 정선 아리랑학교 부근 등이 있다. 이런 군락지에서는 보통 1헥타르당 2만 송이 이상의 천일홍이 조밀하게 심기며, 진분홍, 연보라, 흰색, 자주색 등 다양한 품종이 고르게 배치된다. 군락을 이루면 마치 땅 위에 작은 구슬이 셀 수 없이 흩어진 듯한 인상을 준다. 특히 드넓은 평지에 심어진 천일홍은 바람에 흔들릴 때보다 햇살 아래 가만히 서 있을 때 더 아름답다. 움직임보다 '지속성'이 이 꽃의 본질이기 때문이다.

꽃말은 "불변의 사랑, 변치 않는 마음"이다. 과장된 듯 들릴 수도 있지만, 한여름의 열기에도 지지 않고 피어 있으며, 가을이 깊어 가도 여전히 그 자리에 존재하는 이 꽃을 보고 있으면 그 말이 조금은 설득력을 얻는다.

천일홍은 꺾어 말려도 쉽게 부서지지 않고, 색이 거의 바래지 않기 때문에 말린 꽃용으로 최고의 꽃이라 불린다. 실제로 잘 건조시킨

천일홍(학명: GGomphrena globosa)

꽃은 6개월 이상 색과 형태를 유지하며, 향기보다는 형태와 색을 간직하려는 이들에게 오래도록 사랑받는다. 생명의 시간이 끝난 뒤에도 기억의 색은 그대로 남는다는 점에서, 천일홍은 자연 속에서 매우 드문 '기억 중심의 꽃'이라 할 수 있다.

보통 꽃은 피고 지며, 한순간을 위해 태어난다. 그러나 천일홍은 오랜 시간을 견디고 남는 것을 택한다. 속도보다 밀도, 찰나보다 지속, 열정보다 단단한 인내. 그래서 누군가는 이 꽃을 보며 여름을 기억하고, 누군가는 이 꽃을 말려 가을 내내 창가에 두기도 한다. 어쩌면 그것은 계절을 보내는 우리의 마음과도 닮아 있는지 모른다.

투구꽃,
그늘 속 전사의 고요한 개화

가을이 내려앉은 숲은 짙은 침묵으로 말을 건넨다. 나뭇잎의 초록은 더디게 후퇴하고, 햇빛은 점점 짧아지며 땅으로 스며든다. 그 시간, 빛을 좇지 않고 그늘을 택한 식물이 있다. 바로 투구꽃이다.

이름부터 예사롭지 않다. '투구'라니, 꽃이 전사의 갑주를 닮았다는 뜻이다. 실제로 꽃잎을 덮고 있는 윗꽃덮이는 마치 말 타고 돌진하는 기사의 철투구 같고, 그 아래로 갈라진 꽃잎들은 창을 쥔 손처럼 단단하게 감싸고 있다. 한 송이, 두 송이, 위로 뻗은 줄기를 따라 층층이 피어난 꽃은 10송이에서 많게는 30송이까지, 진자줏빛 혹은 청보랏빛의 중후한 색감으로 숲을 물들인다.

보통 8월 말에서 10월까지, 투구꽃은 여름이 물러간 자리에서 고요히 꽃을 열기 시작한다. 평균 키는 60cm에서 120cm, 적당히 습하고 반그늘이 드리운 곳에서 자란다. 토양은 배수가 잘되는 사질양토를 좋아하며, 번식은 주로 뿌리줄기로 한다. 1㎡에 군락을 이룰 경우, 3~5개체가 어우러지며 긴 줄기를 중심으로 사방으로 몸을 뻗는다.

그러나 투구꽃은 단지 '아름다운 야생화'라고만 부르기엔 조심스러운 식물이다. 그 안에는 '아코니틴'(Aconitine)이라는 맹독이 있다. 이는 심장을 멈추게 할 수 있는 강력한 신경독으로, 꽃은 물론 뿌리, 줄기, 씨앗에 이르기까지 거의 모든 부위에 독이 들어 있다. 오래전부터 전통적으로 이 독은 사냥용 화살촉이나, 한약에서 조제 과정을 거쳐 외용제로 쓰이기도 했지만, 생약으로 쓰기엔 위험부담이 크다.

그럼에도 불구하고 투구꽃은 매해 가을이면 다시 나타난다. 그것도 번잡한 길목이 아니라, 사람들이 거의 지나치지 않는 숲의 깊은 안쪽에서 보인다. 강한 햇빛보다는 부드럽게 스며드는 빛을 좋아하고, 인공 손길보다는 자연에 맡긴 방치 속에서 더욱 잘 자란다. 아파트 화단이나 도시 공원보다는 등산로 옆 풀숲, 계곡 옆 사면, 깊은 고갯마루에서 주로 만날 수 있는 이유다.

문득 생각해 본다. 왜 하필 '투구'일까? 왜 꽃이 그렇게 전사의 형상을 지니게 되었을까? 아마도 그것은 단순한 모양의 유사성 때문만은 아닐 것이다. 투구꽃이 지닌 기세, 그 내밀한 힘 때문이 아닐까. 강한 독성을 품고 있으되, 그 힘을 결코 먼저 드러내지 않는 성질. 어두운 숲의 정적 속에서도 꺾이지 않고 오히려 피어나는 기상. 그것은 어떤 전사의 삶과도 닮았다.

문학적으로도 투구꽃은 흔히 '슬픔의 정수', '비밀을 간직한 꽃' 등의 상징으로 묘사된다. 외로운 절벽에 홀로 피어 있는 모습에서 고독한 용기, 혹은 무장된 아름다움이라는 다층적인 해석이 가능하다. 한눈에 반할 만큼 아름답지만, 그 아름다움이 오히려 거리를 두게 만드는 존재. 투구꽃은 보는 이로 하여금 쉽게 다가서지 못하게 하며, 오히려 그 멀어짐에서 더욱 큰 인상을 남긴다.

가을 산의 가장 깊은 곳, 누구에게도 들키지 않으려는 듯 피어난 그 보랏빛 투구 하나. 그것이 바로, 자연이 숨겨둔 가장 강인하고도 조심스러운 아름다움이다.

투구꽃(학명: Aconitum jaluense Kom)

꿩의비름,
한 송이 계절의 완성

꿩의비름은 여름 한가운데를 굳이 지나지 않는다. 들녘이 푸르게 가득 차오르고 다른 꽃들이 다투듯 피고 질 때, 이 식물은 조용히 잎을 키우고 줄기를 세운다. 아무 말 없이 묵묵히 햇살을 모으고, 바람을 품으며 제 안에 천천히 계절을 저축한다. 그 두툼한 잎은 물을 품고 있어 더운 날에도 자신을 지키고, 꽃 대신 잎으로 먼저 이야기를 시작한다. 그 모습은 마치 말보다는 마음을 먼저 꺼내는 사람처럼 담백하고 절제되어 있다.

그러다 8월이 넘어가고, 다른 풀들이 지쳐 눕거나 물들기 시작할 즈음, 꿩의비름은 비로소 연분홍빛 꽃망울을 터뜨린다. 작고 여린 꽃들은 줄기 끝에서 우산 모양으로 모여 피어나고, 바람보다 조용히, 그러나 햇살 아래 확실하게 존재감을 드러낸다. 그 꽃은 날카로운 소리가 아니라 오래된 음악처럼 천천히 스며들고, 누구보다 늦게 피지만 누구보다 오래 머문다.

처음엔 분홍, 며칠 지나면 자주, 그리고 더 지나면 어둑한 붉음. 꿩의비름이 물드는 속도는 너무 느려서 눈에 잘 띄지 않지만, 어느 날 문득 바라보면 온몸이 고요하게 타오르고 있다.

그 붉음은 격정이 아니라 수많은 계절을 견뎌낸 사람의 얼굴 같다. 빠르게 불타지 않고, 오랜 시간 햇살과 바람을 품으며 천천히 성숙해진 붉음. 그래서 꿩의비름은 단지 예쁜 식물이 아니라, 깊은 이야기를 품은 존재로 다가온다. 사랑이라는 단어보다 기다림이라는 감정을 더 닮은 식물. 남들보다 늦게 피는 것이 초라함이 아니라, 더 늦게까지 남아 있기 위한 선택이었음을 꿩의비름은 말없이 증명한다.

꿩의비름은 부드러워 보이지만 생존에 능한 식물이다. 비탈진 산기슭, 척박한 바위틈, 햇살이 강하게 내리쬐는 자갈밭에서도 스스로 뿌리를 내리고 자란다. 뿌리는 깊지 않지만 강하고 넓게 퍼지며, 줄기는 반 직립으로 단정하게 올라선다. 잎은 다육질로 수분을 저장하며 마른 날씨에도 견디고, 인공적인 관리가 없어도 해마다 같은 자리에서 스스로 돋아난다.

꽃이 피는 시기는 8월 중순부터 10월 중순까지이다. 한 송이는 지름 5mm 정도로 작지만, 한 줄기에 수십 송이, 한 군락에 수천 송이가 피어나 넓은 들판을 붉은빛으로 물들인다. 그 꽃들 위엔 여전히 꿀을 필요로 하는 가을의 벌과 나비들이 모여든다. 대부분의 꽃이 진 후에도 마지막까지 꿀을 품은 이 꽃은, 생태계의 늦은 식탁을 책임지는 조용한 배려자다.

꿩의비름(학명: Hylotelephium erythrostictum)

줄기 길이는 40~60cm, 꽃 지름 5mm, 개화 기간은 60일 이상. 이 수치들은 꿩의비름의 삶을 조금은 설명하지만, 이 식물의 진짜 시간은 숫자보다 느리고 더 길다. 꽃은 정확히 때를 맞춰 피고, 시들고, 다시 씨를 남긴다. 다년생인 꿩의비름은 해마다 같은 자리에서 다시 돋아나지만, 해마다 조금씩 다른 색과 크기로 계절을 새긴다.

그건 마치 매해 같은 시기에 같은 길을 걷지만, 내 마음은 매번 다르듯, 꿩의비름도 늘 비슷하지만 결코 같은 붉음은 아니다. 계절은 반복되지만 삶은 반복되지 않으며, 꿩의비름은 그 안에서 조용히 각자의 시간을 살아간다.

가을이 깊어지고 바람이 차가워질수록 꿩의비름은 더 붉어진다. 지기보다는 스스로 물들어 사라지는 방식, 한 장 한 장 잎을 접듯 색을 더해가고, 꽃잎은 저물녘 빛을 닮은 자줏빛으로 천천히 무거워진다.

달맞이꽃,
어둠 속에서 피어나는 빛

달맞이꽃은 낮에는 조용히 침묵한다. 햇살 아래에서도 눈에 띄지 않고, 풀숲 어딘가에 몸을 숨긴 채 기다린다. 하지만 해가 기울고 어둠이 내려앉기 시작하면, 마치 그때를 기다려온 것처럼 꽃잎을 천천히 연다. 노란 네 장의 꽃잎은 빠르게 움직이지만, 전혀 급해 보이지 않는다. 오히려 오래 준비한 고백처럼 차분하고 단정하다. 바람 한 줄기, 저녁 공기, 서쪽 하늘의 잔광까지 계산된 듯 조화롭게 맞물린 그 개화의 순간은 마치 하나의 짧은 시 같다.

달맞이꽃의 개화 시기는 6월에서 9월 사이, 늦봄에서 초가을까지 이어진다. 그러나 낮에는 피지 않는다. 밤이 되어서야 비로소 자신을 드러내는 이 꽃은 세상의 중심을 비켜난 삶의 은유처럼 느껴진다. 왜 밤에 꽃을 피우는가 하면 고온의 햇빛이 내리비치는 환경에서는 꽃이 필 수 없는 유전적 특징을 지녔기 때문이다. 소란한 낮을 지나 고요한 밤을 선택하는 그 태도는 눈에 띄려 하지 않으면서도 존재감을 분명히 남긴다. 달맞이꽃은 단 하루를 위해 피어나고, 이튿날이면 시들어간다. 그러나 그 짧은 시간 동안 모든 것을 쏟아낸다. 바람과 습도, 빛의 강도, 곤충의 날갯짓까지 계산해 펼쳐낸 그 하룻밤의 생은 오히려 영원처럼 깊다.

이 꽃은 평범한 땅을 좋아한다. 자갈밭, 논두렁, 길가의 풀밭, 사람의 손이 잘 닿지 않는 황량한 곳에서도 스스로 뿌리를 내리고 줄기를 세운다. 키는 50cm에서 1m까지 자라며, 잎은 길쭉하고 어긋나며 자란다. 해가 지기 전까지는 아무 일도 일어나지 않는 듯 보이지만, 실제로는 꽃을 피울 준비가 꼼꼼히 진행되고 있다. 그리고 빛이 일정 수준 이하로 떨어지는 순간, 기다렸다는 듯 꽃잎이 움직이기 시작한다. 이 짧은 개화는 약 30분 안에 이루어진다.

달맞이꽃은 나방과 같은 야행성 곤충과 관계를 맺는다. 낮의 벌이나 나비가 아닌, 밤을 사는 생명체들에게 달맞이꽃은 중요한 수분원의 역할을 한다. 짧은 시간 동안 피었다가 이내 지는 꽃이지만, 그 시간 동안의 교환은 치열하고 풍요롭다. 한 송이 꽃이 피었다가 지는 데 걸리는 시간은 겨우 몇 시간. 그러나 그 과정 안에는 생물학적 정밀성과 생태적 균형, 그리고 조용한 아름다움이 고스란히 담겨 있다.

이 식물의 생은 2년에 걸쳐 완성된다. 첫해에는 줄기와 잎만 자라며 뿌리를 깊게 내리고, 두 번째 해 여름, 마침내 꽃을 피운다. 그러고는 하룻밤씩 피어오르기를 반복하며 씨앗을 맺고, 다시 흙으로 돌아간다. 그 씨앗은 사람에게도 유용한 성분을 품고 있어, 달맞이꽃

달맞이꽃(학명: Oenothera odorata Jacquin.)은 해가 질 무렵에 꽃이 펴 정오쯤 시든다.

기름은 피부나 여성 건강에 도움을 주는 식물성 치료제로도 알려져 있다. 그러나 그 유익함보다 더 오래 마음에 남는 것은, 이 꽃이 자신만의 시간에 피고 지는 방식이다.

달맞이꽃은 세상의 리듬과는 조금 다른 박자로 살아간다. 모두가 밝은 곳으로 나아갈 때, 자신은 어둠을 선택하고, 모두가 잠든 시간에 피어나 자신의 빛을 드러낸다. 그건 세상에 역행하는 것이 아니라, 자기만의 시계를 따라 살아가는 한 존재의 조용한 방식이다.

상사화, 잎과 꽃이 엇갈리는 슬픔의 식물

가을이 깊어질 즈음, 산사의 돌담 아래나 숲 가장자리에 조용히 모습을 드러내는 꽃이 있다. 뜨거운 여름의 기운이 채 가시기도 전에 짙은 녹음을 뚫고 불쑥 솟아오른 줄기 끝에서 연분홍에서 자줏빛에 이르는 꽃송이들이 피어난다. 그 이름은 상사화. 이름처럼 애틋하고 기구한 운명을 지닌 이 꽃은 '잎과 꽃이 서로를 만나지 못한 채 그리워한다'는 뜻에서 이름이 유래했다. 해마다 가을이면 상사화는 가장 먼저 우리의 시심을 건드리며, 말없이 깊은 그리움을 전하는 들꽃으로 다가온다.

상사화는 백합과에 속하는 여러해살이풀로, 한국을 비롯해 일본과 중국 등 동아시아에 자생하며, 우리나라의 전통적 풍경과도 잘 어울리는 식물이다. 상사화의 생애는 특별하다. 잎과 꽃이 같은 시기에 존재하지 않기 때문이다. 초봄, 추위가 물러나면 진녹색의 잎이 칼날처럼 땅 위로 자라나 햇살을 받아들인다. 하지만, 이 잎은 여름이 되기 전 서서히 시들고 자취를 감춘다. 그리고 시간이 흘러 가을 문턱에 들어서면, 그 자리에 기다렸다는 듯 꽃줄기가 솟아오른다. 꽃은 잎이 모두 져버린 후에 피고, 꽃이 피는 동안 잎은 이미 사라진 뒤다. 이 때문에 사람들은 상사화를 두고 이렇게 말한다.

"잎은 꽃을 그리워하고, 꽃은 잎을 기다리지만, 끝내 만나지 못한다."

이러한 생태적 특성은 식물계에서도 드물게 나타나는 방식이다. 대부분의 식물이 잎과 꽃을 동시에 지니며 광합성을 통해 에너지를 확보하지만, 상사화는 다르다. 잎과 꽃이 철저히 엇갈린다. 그럼에도 상사화는 다년생 구근식물로서 해마다 꽃을 피운다. 이는 땅속에 숨어 있는 비늘줄기(알뿌리)가 오랜 시간 축적한 영양분을 저장해두기 때문이다. 말하자면 상사화는 만남을 포기한 채 그리움을 안고 살아가면서도, 생존을 위한 방식은 고스란히 갖춘 식물이다. 기다림과 단념, 슬픔과 회복이 함께 깃든 존재다.

여름비가 몇 차례 지나고 나면, 마치 약속이라도 한 듯 꽃대가 땅을 뚫고 올라온다. 줄기 하나에 여섯 송이 안팎의 꽃이 피어나는데, 그 모양은 백합처럼 우아하고 향기롭다. 연분홍에서 연보라, 붉은 자주색까지 꽃 빛은 다양하며, 꽃잎은 끝이 살짝 뒤로 젖혀져 있어 신비로운 느낌을 자아낸다. 한 송이만 보아도 충분히 아름답지만, 군락을 이루어 피는 상사화의 풍경은 그야말로 장관이다. 특히 경주 불국사, 전남 영광의 불갑사, 함평 용천사처럼 고찰의 산기슭에 피

상사화(학명: Lycoris squamigera.)

어난 상사화는 고요한 정취와 깊은 사색을 불러일으킨다. 절집의 담장, 고목, 석등과 어우러진 붉은 물결은 살아 있는 시간의 풍경이다.

상사화의 개화기는 8월 하순에서 9월 중순 사이. 늦여름과 초가을이 맞닿는 경계의 시간에 피어나며, 계절이 조용히 방향을 바꾸는 순간을 가장 먼저 알아차리는 꽃이다. 햇살은 여전히 뜨겁지만 바람 끝에는 서늘함이 묻어나는 그때, 다른 꽃들이 하나둘 자취를 감출 즈음 상사화는 마치 약속이라도 한 듯 불쑥 꽃대를 밀어 올린다. 잎 하나 없는 줄기 끝에 선명하게 피어난 붉은 꽃은 그래서 더욱 고독해 보이고, 동시에 강인해 보인다. 홀로 서 있는 모습은 마치 세상의 소음에서 한 발 비켜선 채, 자신만의 시간을 살아가는 존재처럼 느껴진다.

이 독특한 생태 때문에 상사화는 오래전부터 많은 시인과 화가들의 마음을 사로잡았다. 잎과 꽃이 한 번도 만나지 못한 채 엇갈리는 운명은 자연스럽게 '이룰 수 없는 사랑', '만날 수 없는 인연'이라는 서사를 불러왔다. 누군가를 그리워하지만 끝내 손을 맞잡지 못하는 마음, 같은 시간을 살면서도 서로의 계절을 스쳐 지나갈 수밖에 없는 관계의 슬픔이 이 꽃에 고스란히 투영되었다. 그래서 상사화의 꽃말은 '영원한 그리움', '이루어질 수 없는 사랑'으로 전해지며, 그 의미는 세월이 흘러도 바래지 않는다.

어느덧 상사화는 단순한 생명체를 넘어, 기억과 기다림의 상징으로 우리 곁에 자리 잡았다. 꽃대 하나하나가 바람에 흔들릴 때마다, 그것은 누군가를 향해 차마 닿지 못한 말들을 대신 전하는 애절한 손짓처럼 보인다. 땅 위에는 화려한 꽃이 피어 있지만, 땅 아래에는 이미 사라진 잎의 흔적이 남아 있다. 그 모습은 마치 오래전에 떠나간 연인의 그림자가 마음 한켠에 남아 있는 것처럼, 보이지 않지만 분명히 존재하는 흔적을 떠올리게 한다.

산박하,
산의 숨결을 닮은 향기로운 약초

산박하는 꿀풀과에 속하는 여러해살이풀로, '향유'라는 이름으로도 잘 알려져 있다. 그러나 보통 재배종을 '향유', 야생에서 자라는 개체를 '산박하'라 구분해 부르기도 한다. 이름처럼 산골짜기나 계곡 주변, 숲 가장자리의 습하고 그늘진 곳에서 잘 자란다. 푸른 들판을 화려하게 채우는 꽃은 아니지만, 가까이 다가가면 먼저 은근한 향기가 인사를 건넨다. 상쾌하고 청량한 그 향은 풀벌레 소리와 어우러져 깊은 산의 숨결을 닮았다.

산박하는 줄기 끝에 연한 자주색 또는 보라색 꽃을 피우며, 길고 빽빽한 꽃차례가 줄기를 따라 이어진다. 7월부터 9월까지 개화해, 가을 문턱의 들녘에 은은한 향기를 퍼뜨린다. 잎은 톱니 모양으로 박하와 비슷하게 생겼고, 손으로 비비면 강한 향이 퍼진다. 이 향 덕분에 예로부터 사람들은 산박하를 향신용·약용으로 널리 사용해 왔다.

아래 꽃입술은 휘파람 부는 혀처럼 양쪽을 접어 길게 앞으로 뻗어 있다. 그 속에는 암술과 4개의 수술이 자리하고 있는데, 특히 두 개의 수술은 짧아 숨어 있는 듯 보인다. 비가 오면 꽃가루가 젖기 쉬울 것처럼 보이지만, 위쪽 꽃입술에 빗방울이 맺히면 꽃이 아래로 고개를 숙여 물이 스며드는 것을 막는다.

원래 산박하는 산지의 초지에서 살아가는 여러해살이풀이지만, 현재는 주로 산지 비탈면 아랫부분의 산기슭이나 계곡 가까이에서 관찰된다. 햇빛을 좋아해 숲의 지붕이 빽빽한 자연림에서는 거의 살지 않으므로, 산박하가 출현하는 숲은 대개 이차림이다. 이런 이유로 사람이 사는 마을 주변 산지의 언저리에서 특히 자주 발견된다.

산박하는 꿀벌과 나비의 훌륭한 먹이가 된다. 꽃향기는 곤충을 유인하고, 길게 이어진 꽃차례는 벌들에게 넉넉한 꿀을 제공한다. 그래

산박하(학명: Isodon inflexus (Thunb.) Kudo)

서 산박하가 피어 있는 숲길은 작은 생명들로 활기가 넘친다. 벌들이 날갯짓하면 산박하의 잎과 꽃이 그 바람에 부드럽게 흔들린다.

한방에서는 산박하를 소화제·해열제·감기약으로 써 왔다. 열을 내리고 땀을 나게 하며 머리를 맑게 한다고 하여, 여름철 더위를 먹었을 때 향유차로 끓여 마시기도 했다. 민속적으로는 가을 무렵 산박하를 베어 말려 장롱이나 옷장에 넣어 곰팡이와 벌레를 막는 데 활용했다. 향기로운 풀 한 포기가 생활의 지혜와 만나는 순간이다.

산박하는 키가 그리 크지 않다. 키 큰 억새나 갈대 사이에서는 낮게 엎드린 듯 피어난다. 그러나 그 작은 몸에서도 확연한 향기를 뿜어내며 존재감을 드러낸다. 그래서 산박하를 마주할 때면 문득 생각하게 된다. 드러나지 않아도 매우 깊고, 크지 않아도 향기로울 수 있다는 것을. 이름 모를 산길에서 만난 작은 산박하 앞에서 우리는 삶 속 잔잔한 향기를 다시 떠올리게 된다.

꿩의다리,
바람에 흔들리는 연보랏빛 야생화

깊은 산의 여름은 생각보다 서늘하다. 햇살은 나뭇잎 사이로 부서지고, 바람은 수풀 아래로 낮게 흐른다. 그 고요한 흐름 속에서, 한 줄기 식물이 유난히 가늘고 길게 올라와 부드럽게 흔들린다. 키는 1m가 넘지만 그 줄기는 연약하고 유연하며, 끝자락에서 연보랏빛 꽃이 성글게 달려 바람에 흔들린다. 가까이서 보면 마치 실타래처럼 가는 수술이 풀려 있는 듯하고, 멀리서 보면 연기를 그려낸 듯 희미하게 출렁인다. 그 식물의 이름은 꿩의다리다.

꿩의다리는 미나리아재빗과에 속하는 여러해살이풀로, 주로 숲속 그늘진 비탈이나 습한 계곡 가장자리에서 자란다. 우리나라 중부 이북과 동북아시아 일부 지역에 자생한다. 꽃은 작고 가늘며 꽃잎은 없이 수술이 길게 뻗은 형태인데, 이 수술들이 마치 꿩의 긴 다리처럼 보여 '꿩의다리'란 이름이 붙었다. 줄기는 가늘고 곧게 뻗지만 질

·꿩의다리(학명: Thalictrum aquilegifolium)

기고 탄력이 있으며, 그 끝에 작고 가벼운 꽃이 성긴 모양으로 달려 바람이 조금만 불어도 하늘하늘 흔들린다.

꿩의다리꽃은 주로 여름에 피며, 6월부터 9월까지 개화와 낙화를 반복한다. 깊은 숲속에서 가장 조용한 색으로 피어나며, 연보랏빛 또는 희끗한 색조로 빛나는 그 모습은 여느 들꽃과는 다른 차분함을 지닌다. 꿩의다리는 대개 군락을 이루지 않고, 숲속 여기저기 띄엄 띄엄 자라면서도 일정한 간격을 두고 숲의 조형을 만들어낸다. 그러나 산 사면의 바람길이나 습한 골짜기 아래에선, 키 큰 꿩의다리들이 수십 포기씩 모여 가볍고 고요한 꽃의 군무를 펼치기도 한다. 그 모습은 우아하고 경쾌하면서도 어딘지 모르게 쓸쓸하다.

잎은 깃 모양 겹잎으로 정갈하게 갈라져 있고, 색은 옅은 청록이며 줄기 중간중간에 배치된다. 그 잎마저도 얇고 부드러워, 꿩의다리는 식물 전체가 바람의 형상처럼 느껴진다. 꿩의다리는 땅속에서 뿌리줄기를 통해 겨울을 나며, 봄이 오면 줄기를 곧게 세운다. 처음에는 단정하고 조용한 기세로 자라지만, 꽃이 피는 순간부터 식물은 마치 숨결처럼 흔들리기 시작한다. 마치 '자기 존재를 조용히 풀어내는 방식'을 아는 듯, 피고 지는 전 과정이 절제와 여백으로 이루어져 있다.

이 식물은 사람들이 많이 지나다니는 길옆보다는, 그늘진 오솔길이나 계곡 위의 낙엽 쌓인 흙 위에서 조용히 피어난다. 사람이 놓은 길보다 자연이 열어준 틈을 더 좋아하고, 수직보다는 곡선의 공간에 어울린다. 꽃의 생김새가 특별하여 정원 식물로도 인기를 끌지만, 야생에서 만나는 꿩의다리는 전혀 다른 분위기를 풍긴다. 그것은 기른 꽃이 흉내 내지 못할 야생의 섬세함이며, 고요하고 자연스러운 것들이 가진 깊이의 문제다.

문학적으로 꿩의다리는 '존재의 선'처럼 느껴진다. 시끄럽게 주장하지 않고, 늘 제자리에 있으면서도 바람에 따라 흐르는 유연함. 스스로를 다 보여주지 않되, 눈길을 붙드는 선의 미학. 잎보다 줄기, 줄기보다 꽃이 두드러지는 이 식물은, 마치 말수가 적지만 깊은 사람을 연상케 한다. 가까이에서 보면 사소하지만, 한 번 눈에 들어오면 쉽게 잊히지 않는 인상. 그래서 꿩의다리는 눈에 띄지 않으면서도, 산의 인상을 결정짓는 배경이 된다.

벌노랑이,
들판에 내리는 노란 별비

들판을 걷다 보면 문득 발길을 멈추게 하는 꽃이 있다. 바람결에 흔들리며 자신을 드러내는 것도 아니고, 향기로 주의를 끌지도 않는다. 그럼에도 햇살 아래서 노란 별들이 수없이 피어난 듯한 모습은 한눈에 계절의 감정을 불러일으킨다. 바로 벌노랑이다. 어쩌면 벌노랑이는 가을이라는 계절의 진정한 발화점을 알리는 신호탄인지 모른다. 성긴 풀숲 사이, 걷잡을 수 없이 늘어나는 어둠 속에서 벌노랑이는 조용히, 그러나 빛나는 언어로 말을 건넨다.

작고 여린 꽃잎은 마치 어린아이의 손톱만큼 가냘프다. 벌노랑이는 콩과 벌노랑이속 식물이다. 들판의 양지바른 곳에서 자라는 여러해살이풀로 꽃이 작고 생김새도 조촐하며 줄기는 아래쪽으로 눕고, 가지가 갈라지며, 잎은 어긋나며 작은 잎 5장으로 된 겹잎이다. 논두렁과 밭 가, 야산의 가장자리 등 사람이 드문드문 지나는 길목에서 벌노랑이는 자주 모습을 드러낸다.

우리나라 중부 이남의 숲이나 풀밭에서 자라는 다년생 초본인 벌노랑이는 반그늘이나 양지에서 잘 자란다. 키는 약 30cm 정도이며 잎은 길이 0.7~1.5cm로 다섯 개의 작은 잎이 모여 있는 형태다. 꽃은 황색으로 약 1.5cm 길이이며 잎겨드랑이의 꽃자루 끝에 달린다. 열매는 8~9월경에 맺히고 종자는 검은색이다. 꽃을 포함한 모든 부위가 약용으로 쓰인다.

꽃은 보통 8월 말부터 10월 초까지 피며, 수많은 작은 꽃들이 가지 끝에 모여 무리 지어 핀다. 이 작은 꽃들이 어우러져 마치 들판 위에 금빛 안개가 내려앉은 듯한 풍경을 만든다. 가까이서 보면 꽃 한 송이, 한 송이는 섬세하고 단아하며 수술이 살짝 꽃잎 밖으로 삐져나와 있다. 마치 눈물을 닦지 못한 채 말없이 미소 짓는 얼굴 같다.

이름처럼 벌노랑이는 벌들이 특히 좋아하는 꽃이다. 늦가을까지 꿀을 찾아 헤매는 곤충들에게는 소중한 마지막 연료창고이기도 하다. 식물학적으로 다년생 초본인 벌노랑이는 마타리보다 줄기가 더 부드럽고 가늘며, 뿌리는 굵은 수염뿌리 형태로 습기를 머금은 땅속에 뻗어 간다. 한방에서는 이 뿌리를 '패장敗醬'이라 부르며 해열이나 해독제로 사용해 왔다. 이름에 깃든 옛 지혜만큼이나 오래전부터 인간의 삶 가까이에 있어 온 존재다.

하지만 벌노랑이는 그리 눈에 잘 띄지 않는다. 마치 자신이 지나치게 도드라지면 계절의 균형이 무너질까 두려운 듯, 늘 풀잎과 섞여 피어난다. 그래서일까. 그를 발견한 순간 사람은 문득 발걸음을 멈추고, 조금은 숙연한 마음으로 가을을 받아들이게 된다. 수확의 계절이자 이별의 계절, 지나온 날들을 되새기는 시간의 문턱에서 벌노랑이는 말없이 서 있다.

화려한 꽃들 사이에서도 유독 오래 기억 속에 남는 들꽃이 있다면, 아마 벌노랑이일 것이다. 잘 다듬은 말 한마디보다 조용한 위로가 더 깊을 때가 있듯이, 벌노랑이는 말없이 지친 눈길에 부드러운 빛을 얹어 준다. 마치 늦은 오후 들판에 내려앉는 따뜻한 햇살처럼.

가을은 짧고, 벌노랑이에 허락된 시간도 길지 않다. 그러나 그 짧은 순간 동안 그는 자신이 낼 수 있는 모든 빛으로 피어난다. 그리고는 아무 미련도 없이 스러지며, 이듬해 다시 돌아올 준비를 한다. 들판 한쪽, 바람이 잠든 자리에서 우리는 또다시 그 노란 별비를 기다리게 될 것이다.

벌노랑이(학명: Lotus corniculatus var)

제비동자꽃,
숲 속 가을바람에 흔들리는 작은 노래

제비동자꽃은 마치 숲의 어린아이처럼, 가을 숲길을 걷는 이의 마음을 부드럽게 흔든다. 작은 꽃송이 하나하나가 모여 숲속의 작고 소중한 노래를 엮어내는 듯, 이 야생화는 조용하지만 깊은 울림을 남긴다. 이름에서 느껴지듯 '제비'처럼 가볍고 경쾌한 이미지와 '동자'의 순수함이 만나 자연이 빚어낸 순수의 상징이 되었다.

제비동자꽃은 석죽과에 속하는 여러해살이풀로, '멸종위기 야생생물 2급'으로 지정된 귀한 식물이다. 우리나라 전역의 산과 들에서 볼 수 있으며, 특히 반그늘이 지고 습윤한 숲속 환경에서 잘 자란다. 키는 약 20~40cm 정도로 자라며, 7월에서 8월 사이에 자줏빛이나 분홍빛이 감도는 작고 우아한 꽃들이 군락을 이루어 피어난다.

동자꽃과 비교하면 꽃잎 끝이 잘게 갈라져 깃 모양으로, 색감도 한층 더 진하며 잎은 더 가늘어 쉽게 구분할 수 있다. 꽃의 형태는 마

제비동자꽃(학명: Lychnis wilfordii (Regel) Maxim.)

치 작은 제비가 날갯짓하는 모습을 연상시키며, 부드러운 곡선과 섬세한 선이 어우러져 보는 이에게 은은한 시각적 즐거움을 전한다.

그늘지고 습한 환경을 선호하는 제비동자꽃은 주로 산 중턱 이상의 비교적 온화한 기후대에서 잘 자란다. 부드럽고 다공성인 땅에서 뿌리를 깊이 내리고, 꽃봉오리는 짧은 기간 동안 피었다 지면서 가을 숲을 화사하게 물들인다. 이 꽃은 꿀벌과 나비 같은 곤충들의 귀한 먹이원이기도 하며, 그 존재가 숲 생태계의 다양성과 건강함을 대변한다.

제비동자꽃은 '순수와 자유'의 상징으로 자주 거론된다. 봄이나 여름이 아닌 가을에 피어나는, 다소 늦은 계절의 꽃임에도 불구하고, 그 가벼운 자태는 바람에 흔들릴 때마다 마치 어린아이가 뛰노는 듯한 생동감을 전한다. 그리고 그런 모습은 우리에게 삶의 고단함 속에서도 가볍고 자유로운 순간을 놓치지 말라는 자연의 메시지 같다.

또한 제비동자꽃의 꽃말은 '순진무구'와 '재치'이다. 이 꽃이 가진 섬세한 생김새와 맑은 빛깔은 그 말과 완벽히 어울린다. 산길을 걷다 우연히 만난 제비동자꽃은, 마치 잃어버린 동심의 한 조각을 건네주는 듯한 기분을 안겨준다. 그 작은 꽃 한 송이가 주는 위안은, 때로는 커다란 언어보다 더 깊은 울림을 갖는다.

제비동자꽃은 가을 산속에서 만나는 작은 기적이다. 길가에 흔히 보이는 꽃은 아니지만, 숲의 이곳저곳에서 소리 없이 자라며 가을의 색을 더한다. 그 모습은 자연의 조화로운 섭리와, 시간의 흐름 속에서도 자신만의 자리를 묵묵히 지키는 존재의 의미를 다시 한번 생각하게 만든다.

회향,
향기와 별을 품은 우듬지의 언어

들판의 공기가 짙어지고 낮의 열기 속에서도 어딘가 아늑한 향기가 감돈다. 초록빛 사이로 길고 곧게 뻗은 줄기들이 줄지어 서고, 그 끝마다 별처럼 퍼진 노란 꽃들이 무리를 이룬다. 그 꽃은 크지 않지만 단단한 질서를 가지고, 그 줄기는 연약해 보여도 속이 비지 않고 탄탄하다. 바로 회향이다.

회향은 산형과의 여러해살이풀로, 지중해 연안이 원산이지만 한국을 비롯한 동아시아에서도 널리 재배되고, 들이나 밭 가, 양지 바른 언덕에서 자생하기도 한다. 줄기는 1~2m까지 곧게 자라며, 잎은 실타래처럼 가늘게 갈라지고, 그 사이로 맑고 은은한 초록빛 향이 배어난다. 꽃은 여름부터 가을까지 줄기 끝에 산형꽃차례로 피는데, 작은 노란 꽃들이 사방으로 퍼지며 마치 별자리가 우듬지에 내려앉은 것 같다.

회향(학명: Foeniculum vulgare)

생육 시기는 이른 봄부터 시작한다. 4월 무렵 땅속줄기에서 새순이 올라오고, 점차 줄기가 자라 6~7월에 꽃줄기를 세운다. 꽃이 피는 시기는 7월부터 9월까지이다. 햇살이 세지고, 공기가 묵직해지는 한여름부터 가을 들판이 누렇게 물들기 전까지 회향은 조용히 꽃을 피우고 씨앗을 맺는다. 꽃 자체는 눈에 띄지 않지만, 줄기 끝마다 둥글게 배열된 꽃차례가 반복되며 식물 전체에 경쾌한 리듬을 부여한다. 바람이 불면 그 리듬은 더욱 또렷해지고, 향기는 공기 속에 퍼져나가 사람의 마음 깊은 곳까지 스며든다.

이 식물의 가장 큰 특징은 그 향에 있다. 줄기, 잎, 씨앗에 이르기까지 회향은 전 생애를 통해 향기를 잃지 않는다. 그 향은 달콤하면서도 어딘가 싸한 듯 시원하고, 한 번 맡으면 오래도록 기억에 남는다. 그래서 회향은 예로부터 향신료와 약초로 널리 쓰였다. 동서양을 막론하고 사람들은 이 향을 '치유의 냄새'로 여겨왔다. 음식에 넣으면 소화를 돕고, 차로 우리면 긴장을 풀며, 씨앗을 씹으면 입안을 맑게 한다. 그런 향기를 뿌리부터 씨앗까지 간직하고 있다는 건 식물이 가진 본성 중 하나일 것이다.

생태적으로 회향은 강한 식물이다. 건조한 날씨에도 잘 견디고, 척박한 땅에서도 곧고 단정하게 자란다. 뿌리는 곧고 깊게 박혀 있으며, 줄기에는 마디마다 에너지를 비축한다. 번식은 씨앗으로 이루어지며, 가을이 오면 꽃은 지고, 작고 단단한 타원형의 열매가 익는다. 그 열매조차도 향기롭다. 그래서 회향은 피고 지는 전 과정이 향기라는 언어로 이루어진 식물이다.

CHAPTER

4

겨울의 숨결, 숨은 생명력

복수초,
눈 속에 피어난 아름다운 꽃

겨울은 모든 것을 덮는다. 흙도, 바람도, 시간도. 그 아래에는 아무것도 존재하지 않는 것처럼 보이지만, 실은 모든 생명이 꿈틀거리는 시간이다. 복수초는 그 눈 아래에서 피어난다. 마른 풀잎도, 나무 그림자도 모두 움츠린 한겨울의 골짜기에서, 가장 먼저 깨어나는 노란 불꽃.

이른 봄, 그러나 아직은 겨울인 2월 말이나 3월 초. 산등성이에 흰 눈이 덜 녹은 그때, 바위 옆 양지바른 자리에 고요히 복수초가 모습을 드러낸다. 햇살이 잠깐 비치는 시간에만 꽃잎을 열고, 그 외의 시간엔 꼭 오므린다. 마치 세상을 향해 조심스레 인사하듯, 자신의 시간을 스스로 통제하는 듯하다.

복수초의 이름은 복과 수, 곧 복과 장수를 뜻한다. 그래서 예부터 사람들은 이 꽃을 보며 새해의 운을 점치기도 했다. "정월 초하루에

복수초를 보면, 한 해가 평안하다."라는 말은 단순한 민속신앙이 아니라, 자연의 시간과 인간의 바람이 맞닿는 지점에서 생겨난 믿음이었다. 복수초가 '설날 꽃'으로 불리는 것도 그 때문이다. 눈 속에서 피는 그 금빛이 마치 새해의 염원 같았으리라.

생태적으로 복수초는 까다롭지 않다. 높은 산이 아니라도, 물 빠짐이 좋은 낙엽층 아래라면 살아간다. 그러나 무리를 이루어 피는 모습은 흔치 않다. 그래서일까, 그 드문 군락을 만났을 때 우리는 무언가 숨겨진 보물처럼 감탄하게 된다. 마치 겨우내 자연이 품고 있던 비밀을 처음 알게 된 것처럼, 조용한 감동이 마음에 스며든다.

복수초는 낮게 자란다. 키는 보통 10~15cm 남짓. 작은 줄기 하나에서 꽃이 하나 피며, 땅 가까이서 햇볕을 받는다. 꽃잎은 20여 장까지 나며, 중앙의 수술은 진한 금빛으로 빛난다. 투명한 황금. 바스러질 듯 여리면서도, 그 빛은 어지간한 봄꽃보다 선명하고 깊다. 기온이 오르면 꽃잎은 펴지고, 기온이 내려가면 다시 오므라든다. 자연에 대한 민감한 반응은 그 자체로 살아 있음의 징표다.

하지만 이 아름다운 꽃엔 독이 있다. 복수초의 뿌리와 꽃에는 강심배당체가 함유되어 있어, 섭취할 경우 치명적일 수 있다. 아름다움이 늘 순한 것만은 아니라는 것을 복수초는 조용히 증명하고 있다. 외면은 따뜻한 황금빛이지만, 그 속엔 자연의 질서와 생존의 논리가 숨겨져 있다.

복수초는 오래 머물지 않는다. 짧은 꽃 시기를 마치고 나면, 이내 잎이 돋고 열매를 맺고, 계절의 흐름 속으로 사라진다. 아무 일도 없

복수초(학명: Adonis amurensis)

었던 듯, 고요히. 그 시작이 강렬했던 만큼, 그 퇴장은 한없이 조용하다. 그러나 봄의 기억은 이 꽃을 중심으로 열린다. 첫 봄을 기억한다는 것은, 곧 복수초를 기억한다는 말과도 같다.

이 작은 꽃은 인간의 삶과 많이 닮았다. 오랜 시간 준비하고, 짧은 찬란함을 보이며, 묵묵히 사라진다. 언젠가 우리 삶도 복수초처럼, 누군가의 겨울 끝자락에 작은 빛이 되어줄 수 있을까. 아무도 알아채지 못하더라도, 어떤 눈밭을 뚫고 올라와 삶의 첫 문장을 써 내려갈 수 있다면, 그것만으로도 충분하지 않을까.

복수초는 말이 없다. 그러나 해가 비치는 오후, 숲 한 켠에서 바람에 가볍게 흔들리는 그 꽃을 보면, 누군가는 거기서 위로를 얻고, 누군가는 다짐을 하며, 누군가는 그냥 조용히 웃게 된다. 복수초는 그렇게, 꽃이 아니라 마음의 결을 흔드는 존재로 살아간다.

꿩의바람꽃,
작고 단아한 존재의 힘

아직 찬 기운이 대지를 감싸고 있는 2월 말에서 3월 초. 그때 가장 먼저 눈을 뜨는 야생화 가운데 하나가 바로 꿩의바람꽃이다. 바람이 지나가듯 고요하게, 그러나 눈부신 강단으로 피어나는 이 작은 들꽃은 마치 대지의 가장 깊은 곳에서부터 겨울잠을 깨우는 종소리처럼 느껴진다.

꿩의바람꽃은 미나리아재빗과 바람꽃속의 여러해살이풀로, 한반도에 자생하는 고유종이다. 이름 속 '꿩'은 꽃이 피는 시기와 꿩의 활동 시기가 겹치는 데서 유래했으며, '바람꽃'은 이 꽃이 바람에 가볍게 흔들리는 자태에서 비롯된 이름이다. 꽃은 보통 흰색에서 연보라색까지 다양하며, 바람에 하늘거리듯 피는 그 모습이 섬세하고도 여리다. 하지만 그 외양과는 달리, 꿩의바람꽃은 겨울의 마지막 추위를 꿋꿋이 견뎌내며 가장 먼저 피는 '봄의 척후병'이다.

이른 봄, 낙엽이 채 썩지 않은 숲속 바닥, 나무 그늘진 곳에 가만히 고개를 내민 꿩의바람꽃은 흙을 뚫고 올라오는 생명의 의지를 품고 있다. 한 송이, 두 송이 피어날 때마다 주변의 차가운 기운도 조금씩 누그러지는 듯하다. 꽃잎처럼 보이는 부분은 사실 꽃잎이 아닌 '꽃덮이조각'으로, 진짜 꽃잎은 퇴화하고 수술과 암술만 남아 있다. 그것조차 자연의 흐름 속에서 가장 단순하면서도 효율적인 방식으로 진화한 생명의 형상이다.

꿩의바람꽃은 양지보다는 반음지, 즉 낙엽이 진 숲속이나 반쯤 그늘진 산기슭을 좋아한다. 겨울이 끝나기 전, 나무가 잎을 틔우기 전의 짧은 햇살을 최대한 활용해 광합성을 하고, 이내 꽃을 피우며 짧은 생장 주기를 마친다. 초봄이 지나 숲에 잎이 무성해지면 꿩의바람꽃은 지상부를 모두 말리고 사라진다. 이처럼 제한된 시간에 에너지를 집중해 생존과 번식을 마치는 식물들을 '초봄 식물(Spring ephemeral)'이라고 부르는데, 꿩의바람꽃이 대표적이다.

번식은 주로 종자에 의하지만, 뿌리줄기를 통해 군락을 이루며 확산하기도 한다. 꽃이 지고 나면 조그마한 수과瘦果가 맺히고, 이 종자들은 개미에 의해 퍼진다. 개미는 꿩의바람꽃 씨앗에 달린 유지체(기름덩이)를 좋아해 종자를 물어 나르고, 그 과정에서 널리 확산되는 것이다. 이는 식물과 곤충 사이의 정교하고 오래된 공생의 방식이다.

꿩의바람꽃은 많은 이들에게 '봄의 서문'으로 불린다. 모든 것이 잠든 듯한 계절의 끝에서 피어나는 이 꽃은, 겨울을 지나온 삶의 고요한 희망처럼 느껴진다. 이른 새벽의 침묵, 차가운 땅의 심연, 그리고

꿩의바람꽃(학명: Anemone raddeana Regel)

어느 순간 피어나는 미세한 떨림. 그 모든 것이 꿩의바람꽃 한 송이에 담겨 있다.

시인 김선우는 “봄은 바람의 입김에 꽃잎이 먼저 피고, 마음은 꿩의바람꽃처럼 떨리며 열린다”라고 썼다. 봄을 기다리는 사람의 마음과 꿩의바람꽃은 그렇게 맞닿아 있다. 작은 몸으로 찬바람을 견뎌내고, 들리지 않는 속삭임처럼 피어나는 그 존재는, 조용하지만 단단한 생명력의 상징이다.

꿩의바람꽃은 우리가 봄이라 부르기 직전, 생명의 순환이 비로소 시작됨을 조용히 알린다. 그것은 외치는 것이 아니라 속삭임이며, 기다림의 끝에서 피어난 작고 단단한 의지다. 눈앞에 보이지 않는 뿌리의 힘, 얼어붙은 땅을 밀어 올리는 생명의 고요한 움직임. 그 모든 것이 꿩의바람꽃의 한 송이 안에 깃들어 있다.

노루귀,
얼음장 밑에서도 피어나는 작은 생명

숲이 아직 겨울의 그림자를 품고 있을 때, 바람은 차고, 흙은 얼어 있다. 나뭇가지들은 잎 하나 없이 앙상하게 서 있으며, 계절은 여전히 멈춰 있는 듯하다. 그러나 그 적막한 시기, 누구보다 먼저 눈을 뜨는 생명이 있다. 땅 위로 머리를 내민 한 송이의 작은 꽃. 작고 여려서 금방 스러질 것 같지만, 오히려 그 여림 속에 강인함을 품고 있는 존재. 그것이 바로 노루귀다.

노루귀는 봄을 기다리지 않는다. 오히려 봄을 깨우는 꽃이다. 2월 말에서 4월 초 사이, 아직 설핏 눈이 남은 숲 바닥, 낙엽이 눌려 있는 그 자리에 조용히 피어난다. 꽃대 하나를 길게 올리고, 그 끝에 지름 2~3cm 남짓한 꽃을 맺는다. 꽃잎처럼 보이는 구조는 사실 꽃받침이다. 보랏빛, 흰빛, 연분홍, 연보라 등 다양한 색으로 피며, 색마다 봄빛의 깊이가 다르게 느껴진다. 그 중심부에는 수술이 별처럼 퍼져 있고, 햇살이 스미면 그 안에서 작은 별무리가 깜빡이는 것처럼 반짝인다.

꽃이 피는 동안 노루귀의 잎은 아직 땅속에 있다. 꽃이 지고 나서야 비로소 잎이 올라온다. 길게 자란 잎자루 위로 세 갈래로 갈라진 잎이 펼쳐지며, 뒷면에 촘촘히 난 부드러운 털이 특징이다. 그 모습이 마치 어린 노루의 귀를 닮았다고 하여 '노루귀'라는 이름이 붙었다. 잎의 표면은 두껍고 광택이 나며, 진한 녹색이 숲속의 그늘과 어우러져 묘한 고요함을 완성한다.

이 식물은 미나리아재빗과의 여러해살이풀이다. 낙엽활엽수림이 우거진 음지, 해발 200~800m 사이의 산지에서 잘 자란다. 땅은 비옥하되 햇빛은 많지 않고, 부엽질이 풍부한 숲속이 노루귀의 터전이다. 지하에는 짧은 근경을 통해 해마다 뿌리를 내리며, 같은 자리에 다시 피고 또 진다. 꽃의 생애는 짧다. 일주일 남짓. 그 시간 동안 노루귀는 수정과 결실을 마치고, 열매를 맺는다. 열매는 작고 좁은 삭과이며, 여름이 오기 전 조용히 떨어진다.

노루귀는 빠른 개화로 수분 경쟁에서 유리한 위치를 차지한다. 겨울잠에서 깨어난 작은 곤충들, 특히 벌이나 파리류가 주요 수분 매개자다. 때로는 자가수분으로도 씨를 남기지만, 근거리 타가수분을 통해 유전적 다양성을 확보한다. 그 조용한 생존 전략은 작고 여린 꽃에 비해 얼마나 정교하고 치열한지 모른다. 말없이 자신만의 방식으로 한 계절을 완성하는 식물. 그것이 노루귀다.

이 꽃은 결코 눈에 띄지 않는다. 작고 낮고 조용한 데다, 피어 있는 기간도 짧다. 하지만 한 번 발견하면 오래도록 기억에 남는다. 얼음이 채 녹지 않은 땅을 뚫고 피어난 작은 꽃이 전하는 계절의 첫인사. 그것은 단지 봄의 신호가 아니라, 기다림의 끝에 피어나는 존재의 선언이기도 하다. 매해 같은 자리에서, 같은 시기에, 같은 크기로 피어나는 이 꽃은 자연의 정확성과 생명의 겸허함을 함께 품고 있다.

노루귀는 키 10cm 남짓, 꽃 지름 2cm 정도로 작다, 개화 기간이 7일에서 10일 남짓이지만 그 작은 수치 안에 담긴 시간과 존재의 깊이는 크고 넓다. 다른 꽃들이 준비되지 않은 시간에 홀로 피어나는 이 작은 꽃은, 계절의 문을 여는 첫 문장처럼 다가온다. 소리 없이 피어나 조용히 사라지지만, 그 흔적은 숲속 어디엔가 오래 남는다.

노루귀(학명: Hepatica asiatica Nakai)

제주수선화, 바람 많은 섬에 피어난 꽃

겨울바람이 거세게 몰아치고, 들판엔 생기 하나 없이 마른 억새만 남아 있는 계절. 제주도 바닷가 길을 따라 걷다 보면, 불현듯 허리를 굽히게 되는 순간이 있다. 잿빛 풍경 속에서 고개를 숙인 채 피어 있는 작은 노란 꽃 무리. 그것은 봄을 기다리지 않는 꽃, 겨울 한복판에서 스스로 피어나 계절을 바꾸는 꽃, 제주수선화다.

제주수선화는 보통의 수선화와는 조금 다르다. 흔히 중국 수선화로 알려진 품종의 한 변종이지만, 한국에서는 특히 제주에서 자생하거나 군락으로 식재되어 자라는 이 꽃을 따로 '제주수선화'라 부른다. 보통의 수선화가 3~4월에 피는 반면, 이 꽃은 1월에서 2월 초, 눈이 올지도 모를 계절에 가장 먼저 피어난다. 한겨울 바닷바람을 정면으로 맞으며 흔들리지 않고, 낮은 자세로 묵묵히 피어나는 그 모습은 제주 겨울의 또 다른 풍경이다.

꽃은 키 20~40cm 정도의 길쭉한 꽃대 위에 피며, 한 줄기에 3송이에서 8송이까지 작은 꽃들이 모여 핀다. 노란색의 중심부를 하얀 꽃잎이 감싸고 있는 단정한 모양. 너무 크지도 작지도 않으며, 화려하지도 않지만 은근한 존재감을 품고 있다. 특히 가까이 다가가면 은은하게 퍼지는 향기가 인상 깊다. 겨울의 찬 공기 속에서 맡는 수선화의 향은, 봄의 약속이자 겨울 속 생명의 증언처럼 느껴진다.

제주수선화는 본래 지중해와 중국 남부가 원산지인 수선화가 전해져 제주에 뿌리를 내린 것으로 알려져 있다. 제주의 온화한 기후와 습한 해풍, 사질 토양은 이 꽃이 겨울에도 자랄 수 있도록 해주었다. 처음에는 조경용으로 심어졌지만, 어느새 들판 곳곳에서 스스로 피고 지며 반야생 상태로 정착했다. 특히 제주시 애월읍, 구좌읍 세화리, 송당리, 가파도, 우도 해안 일대는 제주수선화가 겨울마다 고요한 물결처럼 번져 피는 명소로 알려져 있다.

이 꽃은 늘 고개를 조금 숙인 채 피어 있다. 햇빛을 정면으로 마주하기보다는 옆으로 스미는 빛을 받아들이는 듯한 자세다. 바람에 쉽게 흔들리지 않으려 키를 낮추고, 꽃송이들은 촘촘히 모여 서로에게 기대어 선다. 그 모습은 어딘가 사람을 닮아 있다.

눈이 내리면 꽃잎 위로 소복이 쌓이고, 비가 내려도 묵묵히 그 자리를 지킨다. 꽃잎은 얇지만 질기고, 줄기는 유연하지만 좀처럼 꺾이지 않는다. 그 조용한 존재에서 우리는 배운다. 말하지 않아도 계절을 바꾸는 생명이 있다는 것을, 기다림이 아니라 먼저 나서는 용기로 피어나는 존재가 있다는 것을.

제주수선화는 보는 이의 마음을 가라앉힌다. 그 고요함과 겸손함, 그리고 그 안에 담긴 계절을 앞서는 생명의 서사는, 시끄러운 세상 속에서 잊고 있던 균형과 여백을 되찾게 한다. 제주 겨울의 바람은 매섭지만, 그 바람을 이겨내고 피어난 노란 꽃 무리 앞에서 사람들은 발걸음을 멈춘다.

제주수선화(학명: Narcissus tazetta var. chinensis)

노랑앉은부채,
얼어붙은 계절 속, 땅에 엎드려 피운 빛

하얀 숨결이 숲을 덮을 즈음, 우리는 흔히 겨울을 '생명이 멈춘 계절'이라 여긴다. 그러나 숲은 결코 잠든 적이 없다. 가장 조용한 그 계절, 땅 가까이 눈을 낮추어 보면 놀라운 생명이 느릿하게 꿈틀거리고 있음을 알게 된다. 노랑앉은부채, 그 작은 이름은 얼어붙은 땅 속에서 솟아오르는 생의 기적을 상기시킨다.

겨울의 숲 바닥은 거칠고 습하다. 바람은 가지 끝을 스치며 매서운 칼날처럼 지나가고, 낙엽은 얼어붙어 신음하는 듯 바스락거린다. 이때, 대지에 엎드린 채 노랗게 핀 꽃 하나가 눈에 들어온다면, 그것은 분명 노랑앉은부채일 것이다. 땅에 납작하게 붙어 자라는 잎, 그리고 그 중앙에서 솟아오른 작은 꽃대. 그 위에 매달린 꽃은 노란 별처럼 오롯이 피어 있다. 고개를 들지 않고 땅과 눈을 마주 보며, 겨울 한복판에서 조용히 피는 그 모습은 마치 한 송이 겸허한 기도 같다.

노랑앉은부채는 천남성목 천남성과에 속하는 여러해살이풀이다. 주로 남부의 따뜻한 지역, 특히 경상남도나 전라남도의 저지대 숲 가장자리에서 발견된다. 그 이름처럼 잎이 땅바닥에 평평하게 붙어 있는 모습이 부채를 앉혀놓은 것과 같고, 그 중심에서 피어나는 꽃이 노랗기 때문에 이런 이름이 붙었다. 보통 1월 말에서 3월 초, 그러니까 눈이 채 녹지 않은 땅 위에서도 이른 봄을 알리는 전령으로 가장 먼저 모습을 드러낸다.

이 꽃의 가장 인상적인 특징은 그 자세다. 여느 꽃처럼 하늘을 향해 피어나는 것이 아니라, 마치 납작하게 몸을 낮추고 조심스럽게 고개를 내민 듯한 형상이다. 그 겸손하고 조용한 자세는 혹독한 계절을 이겨내기 위한 철저한 전략이자, 자연에 대한 깊은 존중처럼 보이기도 한다. 키가 작고 꽃대가 낮은 덕분에 강풍이나 한파에 쉽게 흔들리지 않으며, 땅의 온기를 더 오래 품을 수 있다. 그리고 무엇보다, 눈에 띄지 않으려는 듯한 그 낮은 자세는 포식자나 외부 환경으로부터 자신을 지키는 지혜이기도 하다.

노랑앉은부채의 꽃은 자세히 들여다보면 단순한 노란색이 아니다. 연한 황금빛에서 시작해, 꽃잎 끝은 조금 더 진한 노랑으로 마무리된다. 마치 얼음장 밑으로 스며드는 해질녘 햇살처럼, 차가운 공기 속에서 피어난 그 따스한 색은 이 계절의 고요한 위로와도 닮았다.

생태적으로 보면, 노랑앉은부채는 곤충이 활동하기 어려운 겨울과 초봄에 꽃을 피우므로 수분 전략이 독특하다. 일부 지역에서는 자체적으로 씨앗을 맺거나, 일찍 활동을 시작한 극소수의 겨울 곤충

노랑앉은부채(학명: Symplocarpus koreanus J.S.Lee, S.H.Kim & S.C.Kim)

들과 공생 관계를 맺기도 한다. 번식력이 강한 식물은 아니지만, 수십 년간 한자리에 머물며 미세한 조건 변화에도 꿋꿋이 자리를 지킨다. 그 뿌리는 굵고 단단하며, 가늘고 섬세한 뿌리줄기가 옆으로 퍼져 천천히 군락을 넓혀간다.

겨울은 종종 정지된 시간처럼 느껴지지만, 사실은 가장 깊은 생명이 조용히 준비되는 시간이다. 노랑앉은부채는 이 계절의 상징과도 같다. 겉으론 아무 일도 일어나지 않는 듯 보여도, 그 아래에선 피어나기 위한 모든 준비가 차곡차곡 쌓이고 있다. 그건 마치 사람의 마음이 가장 깊은 곳에서 스스로를 다잡는 시간처럼 느껴지기도 한다.

인동꽃,
강한 생명력과 끈질긴 번식력

겨울의 끝자락, 숲이 여전히 침묵에 잠겨 있고, 햇살은 낮고 바람은 매서울 때, 땅 가까이 덩굴 하나가 고요히 웅크리고 있다. 푸르고 단단한 잎은 그 긴 겨울을 견뎠고, 때가 되면 여린 꽃망울을 틔워 세상에 향기를 보낸다. 그 이름은 인동忍冬. 겨울을 참고 견딘다는 뜻을 가진 식물이다.

인동꽃은 인동덩굴이라는 이름으로 더 잘 알려져 있다. 미나릿과도 장미과도 아닌 인동과에 속하며, 덩굴식물 특유의 유연한 줄기를 가지고 있다. 다년생 반상록성 식물로, 겨울에도 잎을 떨어뜨리지 않으며, 언 듯 마른 것처럼 보이지만 그 안에 온기를 품고 있다.

겨울을 견딘 덩굴은 5월에서 6월, 늦봄에서 초여름 사이에 꽃이 피며 달콤한 향기가 난다. 꽃의 색은 처음에는 흰색, 시간이 지남에 따라 노란색으로 변한다. 그래서 한 가지에 흰 꽃과 노란 꽃이 동시에 피어난다. 그 모습은 마치 '과거와 현재', '시작과 끝'을 함께 품고 있는 듯해 사람들의 감성을 자극한다. 꽃은 작고, 서로 포갠 듯한 두 갈래 형태로 피며, 곁에서 맡으면 특유의 짙고 달콤한 향기가 풍겨 온다. 이 향은 해가 진 후 더 또렷해져 한여름 저녁 공기를 은은하게 감싼다.

인동꽃은 햇빛을 좋아하지만, 강한 그늘도 견딘다. 습한 곳보다는 배수가 잘되는 경사지나 돌담, 양지바른 산비탈에서 잘 자라며, 때로는 바닷가 절벽이나 오래된 산책길, 울타리, 혹은 무너진 담벼락의 균열 틈에서도 그 생명을 뻗는다. 줄기는 10미터 이상 뻗을 수 있고, 다른 식물이나 구조물에 감겨 오르며 공간을 넓힌다.

한국 전역, 특히 남부 해안지대와 도서지방, 중부 이남의 산림지대에서 흔히 발견되며, 일본, 중국, 대만, 동남아시아 일부 지역에도 분포한다. 자생지에서는 숲 가장자리나 산길 옆의 경사면, 묵은 밭이 있던 야산 자락 등지에 자연스럽게 섞여 자란다. 가끔은 침입종으로 분류되기도 하는 강한 생명력 덕분에, 도시 변두리에서도 어렵지 않게 만날 수 있다.

생태적으로 인동꽃은 벌, 나비, 나방 등 다양한 곤충에게 중요한 꿀 공급원이다. 밤에도 향이 짙어 야행성 곤충의 활동을 돕는다. 그 줄기와 잎에는 항균 성분이 있으며 한방에서는 오래전부터 해열, 해독, 항염 효과를 지닌 약재로 쓰였다. 특히 '금은화金銀花'라는 이름으로 알려진 꽃은 감기나 피부 염증 치료에도 사용되었다.

하지만 인동꽃의 진짜 아름다움은 그 생태적 유용성이나 번식력

인동꽃(학명: Lonicera japonica Thunb.)

에만 있지 않다. 겨울을 견디고도 여전히 푸른 잎, 시간을 두고 흰색에서 노란색으로 바뀌는 두 색의 꽃, 짙은 향기와 덩굴의 유연함, 이 모든 것이 함께 어우러져 '헌신적인 사랑', '우애', '기억'이라는 상징을 만들어냈다.

CHAPTER

5

멸종위기의 야생화

광릉요강꽃,
숲의 침묵을 깨우는 요강 모양 난초

숲의 깊은 그늘 아래, 햇살은 겨우 나뭇잎 사이로 부서져 내린다. 그곳, 사람들의 발길이 닿기 힘든 조용한 숲속 한편에, 조심스레 고개를 내민 작은 야생화가 있다. 바로 광릉요강꽃이다. 이름처럼 작고 아담한 그 꽃은, 마치 숲이 숨겨둔 작은 그릇 같다. 그 섬세한 모양은 보는 이에게 경이로움과 안타까움을 동시에 느끼게 한다.

광릉요강꽃은 쌍떡잎식물 난초목 난초과에 속하는 여러해살이풀로, 한국의 매우 한정된 지역, 특히 경기 광릉 일대와 그 인근에서만 자생한다. 하얀색의 순백 꽃이 마치 요강 모양을 닮아 붙여진 이름이다. 그러나 이 꽃은 단순한 모양 이상의 의미를 지닌다. 그 존재 자체가 한국 야생화의 소중함과 위태로움을 상징한다.

광릉요강꽃은 숲의 어두운 그늘과 부드러운 토양, 그리고 적절한 습도를 간신히 견디며 자란다. 빽빽한 참나무와 소나무 숲 사이, 빛이 잘 들지 않는 그늘 속에서 온몸을 굽혀 가며 햇빛을 향해 고개를 내민다. 그 모습은 마치 극한의 조건 속에서도 포기하지 않는 생명력과 닮았다. 그러나 이 섬세한 꽃은 늘 불안하다. 숲의 파괴와 개발, 환경 변화에 극도로 민감하여, 한 번 서식지가 훼손되면 회복하기 어렵다.

서식지는 해발 300~1,100m, 습윤하고 부식토가 풍부한 반음지의 숲속 사면이다. 양지보다는 반그늘, 배수가 잘되는 토양을 선호하며, 다른 식생과의 경쟁 없이 깊은 숲속에 고립된 소수 개체로 존재한다.

생태학적으로도 광릉요강꽃은 특이한 점이 많다. 우리나라 자생식물 가운데 가장 아름다운 꽃을 가진 식물로 일컬어질 만큼 아름다운 자태를 뽐내는 여러해살이 난초이다. 난초과 식물답게, 이들은 뿌리와 곰팡이가 공생하는 미코리자 관계를 맺어야만 살아갈 수 있다. 따라서 토양 생태계의 복잡한 균형이 깨어지면, 이 꽃은 살아남을 수 없다. 또한 긴 개화 기간과 적은 개체수는 번식을 더욱 어렵게 만든다. 자연 속에서 만나는 광릉요강꽃 한 송이는, 그 자체로 자연의 비밀과 생명의 연대기를 간직한 작은 기적인 셈이다.

광릉요강꽃이 처한 현실은 가혹하다. 도시화와 무분별한 산림 개발, 인근 지역의 토지 변화가 서식지를 점점 좁히고 있다. 무엇보다도 그 희귀성 때문에 관상용이나 수집용으로 채취되기도 해, 환경부 멸종위기 야생식물 1급으로 지정되어 보호받고 있음에도 위협은 여전하다. 우리가 모두 이 작은 꽃을 지켜내야 할 이유가 바로 여기에 있다.

광릉요강꽃(학명: Cypripedium japonicum Thunb.)

우리가 광릉요강꽃을 지켜야 하는 것은 단지 한 종의 식물을 보호하는 차원을 넘어서, 우리 생태계의 건강한 미래를 위한 선택이다. 그 작은 꽃이 사라진다면, 숲의 균형 또한 깨지고 말 것이다. 그리고 그 빈자리는 차가운 침묵만이 남을 뿐이다.

숲길을 걷다 우연히 만난 광릉요강꽃 한 송이는, 자연이 우리에게 건네는 소중한 편지다. '이 땅에서 함께 살아가자'라는 간절한 약속이자, '우리 모두의 미래를 위한 작은 희망'이다.

금강초롱꽃,
산야의 고요 속에 피어난 은은한 종소리

금강초롱꽃은 초롱꽃과에 속하는 여러해살이풀로, 우리나라 전역의 깊은 산중에서 자란다. 그 이름은 한반도의 명산 '금강산'에서 유래했으나, 오늘날 자생지는 매우 제한적이고, 서식 환경은 급격히 줄어들고 있다. 학명 Hanabusaya Asiatica는 '세 잎을 가진 초롱꽃'이라는 뜻을 담고 있는데, 세 갈래로 갈라진 잎사귀와 청초한 푸른빛 꽃잎이 특징이다.

꽃이 순백색인 것은 흰금강초롱꽃, 흰 바탕에 자줏빛이 도는 것은 설악초롱꽃, 붉은빛이 도는 것은 오색금강초롱꽃, 그리고 붉은빛이 감도는 자줏빛인 것은 붉은금강초롱꽃이라 한다. 이 가운데 가장 흔하게 나타나는 종은 설악초롱꽃으로, 화채봉 능선을 따라 대청봉으로 오르는 길목에서 쉽게 볼 수 있다.

금강초롱꽃은 산지의 그늘지고 습한 토양에서 서서히 자라난다.

고요한 숲속에서 햇볕을 받지 못해도 묵묵히 생장하는 모습은, 산야의 인내와 겸손을 닮았다. 꽃송이는 초롱 모양으로, 아래로 고개를 숙인 채, 바람이 불 때마다 살짝 흔들리며 작은 종소리를 내는 듯한 인상을 준다. 이 소리는 마치 자연이 내는 조용한 기도와 같아, 그 자리의 평화와 생명의 연결을 느끼게 한다.

금강초롱꽃은 오랜 기간 안정된 숲 환경과 토양 상태를 필요로 한다. 뿌리는 깊게 뻗고, 주변 미생물과의 관계 속에서 영양분을 교환하며 살아간다. 하지만 인간의 손길이 닿으면서, 특히 산지 개발과 관광지화, 무분별한 산림 파괴가 이들의 서식지를 급격히 위협하고 있다. 또한 기후 변화에 따른 습도와 온도 변화도 금강초롱꽃 생존에 큰 영향을 미친다.

금강초롱꽃은 우리 전통문화에서도 은은하게 그 모습을 드러낸다.

금강초롱꽃(학명: Hanabusaya asiatica (Nakai) Nakai)

옛 문헌과 민속 속에 '초롱꽃'은 소박한 아름다움과 청정한 자연의 상징으로 등장하며, 그 조용한 종소리는 삶의 고요한 순간들을 떠올리게 한다. 그래서 금강초롱꽃을 마주하는 순간, 우리는 일상의 번잡함에서 벗어나 자연과 함께 숨 쉬는 법을 배운다.

지금 금강초롱꽃은 멸종위기에 놓여있다. 그 귀한 존재가 사라진다는 것은 단순한 한 종의 소멸을 넘어서, 산림 생태계의 건강성 약화와 인간과 자연의 단절을 의미한다. 우리 모두의 관심과 노력이 절실한 이유가 바로 여기에 있다.

금강초롱꽃이 바람에 살랑이는 모습을 상상해 보라. 그 작고 고요한 종소리가, 우리에게 전하는 메시지는 무엇일까? '함께 지키자', '함께 살아가자'라는 간절한 부탁이 아닐까.

가시연꽃,
아낌없이 주는 수생 식물

한여름, 정지된 듯 고요한 연못의 수면 위에, 낯설지만 인상적인 존재가 떠 있다. 넓고 둥그런 잎이 수면을 가득 채우고, 그 테두리엔 날카로운 가시가 촘촘히 둘러 있다. 햇살은 수면을 찌푸리지 않고도 이 잎 위를 미끄러지듯 흐르고, 때때로 그 가운데서 보랏빛을 머금은 꽃 하나가 조용히 피어난다. 마치 연못 위의 갑옷처럼 보이는 이 식물은, 수생식물의 세계에서 보기 드물게 강인하고 인상적인 이미지를 품고 있다.

가시연꽃은 수련과에 속한 1년생 수생식물로 멸종위기 2급 식물이다. 한국·중국·인도 등 아시아의 온대와 열대 습지에 자생하며, 우리나라에서는 충청 이남의 연못이나 늪지, 저수지 같은 고요한 수역에서 드물게 볼 수 있다. 잎은 둥글고 지름이 30~90cm에 이를 만큼 크며, 특징적으로 잎의 양면에 가시가 빽빽하게 돋아 있다. 특히 뒷

가시연꽃(학명: Euryale ferox Salisb.)

면에 뚜렷한 맥과 붉은빛, 그리고 가시 덮인 표면은 적들의 접근을 막기 위한 자연의 전략처럼 보인다. 잎 가장자리는 위로 살짝 말려 접시처럼 솟아 있어, 작은 벌레나 물결조차도 쉽게 넘지 못한다.

줄기는 물속 흙 속에 뿌리를 박고 수면 위로 잎과 꽃을 띄우며, 줄기와 잎맥, 꽃대에도 모두 가시가 있다. 꽃은 7~8월, 여름 한복판에 피며, 보랏빛에서 자줏빛까지 그라데이션을 이루는 빛깔을 띤다. 꽃은 연꽃보다 작지만 단단하고 밀도 있는 형태로, 낮에는 닫혀 있다가 아침 무렵 짧은 시간 동안만 열렸다가 다시 닫힌다. 그 모습은 마치 자신의 아름다움을 너무 쉽게 보여주지 않으려는 신중한 태도처럼 느껴진다.

가시연꽃은 수면 위에 떠 있는 모습과는 다르게, 씨앗으로 번식하며 1년 안에 생애를 마치는 특이한 생태를 지녔다. 꽃이 진 자리에는 큰 열매가 생기고, 그 안에는 연밥처럼 단단한 씨앗이 들어 있다. 이 씨앗은 '여의주'처럼 생겨 예로부터 불교의 상징물로도 쓰였고, 식용으로도 귀하게 여겨졌다. 실제로 중국에서는 '검인자芡仁'라 하여 약재로 활용되고 강장, 소화, 이뇨, 불면증에 효과가 있는 것으로 알려져 있다.

가시연꽃은 "천연기념물 제135호(전남 순천의 자생지)"로 지정될 만큼 희귀하며, 최근에는 기후 변화와 수질 오염 등으로 인해 자생지가 크게 줄었다. 얕은 물에서만 자라는 특성상, 수위 변화나 하천 개발에 특히 민감하고, 외래종 수생식물과의 경쟁에서도 밀려나고 있다. 현재는 각종 습지보호지역과 국립습지센터 등에서 종 보존과 인공 번식 연구가 활발히 진행되고 있다.

가시연꽃은 연꽃과 닮았지만, 결코 연꽃은 아니다. 그 둘 사이에는 생물학적 거리도 있고, 성격의 결도 다르다. 연꽃이 정결과 깨달음을 상징하는 꽃이라면, 가시연꽃은 침묵 속의 방어, 고요한 힘을 품은 존재다. 바람에 흔들리지 않고, 겉모습만으로 접근을 허락하지 않으며, 부드러운 수면 아래 단단히 뿌리를 내리고 살아간다. 가시가 있기에 아름다움을 보호할 수 있고 고요하기에 강할 수 있는 식물, 가시연꽃은 그렇게 스스로를 증명한다.

조용한 연못에 번져 있는 연잎들 사이로, 유난히 넓고 가시 돋은 잎이 있다면, 그것은 연꽃이 아니다. 함부로 손대지 말라는 표정을 가진, 한 송이의 고요한 용기. 그것이 바로 가시연꽃이다.

노랑붓꽃,
우리나라에만 자생하는 붓꽃

이른 여름, 숲길 가장자리나 낮은 산기슭의 풀밭에서 노란빛 꽃 한 송이가 바람에 조용히 흔들린다. 붓끝처럼 부드럽게 흘러내린 꽃잎의 곡선 사이로 선명한 무늬가 햇살을 머금고 드러난다. 마치 자연이 한 획을 그어 놓은 듯, 단호하면서도 섬세한 자태. 이름 그대로 노랑붓꽃, 우리 산과 들에 스스로 뿌리내린 야생 붓꽃이다.

노랑붓꽃은 붓꽃과에 속하는 여러해살이풀로, 학명 Iris Koreana는 말 그대로 '한국의 붓꽃'을 뜻한다. 이는 이 꽃이 오직 우리나라에만 자생하는 고유종임을 의미하며, 식물학적으로도 생태적으로도 매우 소중한 존재다. 그 잎은 마치 정제된 칼날처럼 곧고 날렵하게 하늘을 향해 뻗어 있으며, 그 선 위를 따라 꽃대가 조용히 자라 올라간다. 키 30~50cm 가량의 꽃대 끝에는, 이른 여름의 햇살을 머금은 듯한 노란 꽃 한두 송이가 바람에 살짝 고개를 젖힌 채 피어난다.

꽃은 5월에서 6월 사이, 초여름의 들판이 녹음으로 짙어지기 직전의 시기에 핀다. 붓끝처럼 세 갈래로 갈라지는 꽃잎은 크고 평평하게 퍼지며, 꽃잎의 기부에는 갈색 혹은 자줏빛 줄무늬가 들어 있어 꿀벌을 유인한다. 전체적인 모양은 단아하지만 색은 강렬하다. 봄꽃의 연한 파스텔이 물러간 자리에, 노랑붓꽃은 분명한 색과 형태로 계절의 무게감을 더한다.

서식지는 주로 전라남도, 경상도, 충청 일부 지역의 숲 가장자리, 특히 건조하고 햇볕이 잘 드는 산비탈이나 초지다. 뿌리줄기는 땅속에서 옆으로 뻗으며, 군락을 이루기도 하고 다른 풀들과 섞여 자라기도 한다. 척박한 토양에서도 잘 견디지만, 서식지 파괴나 외래 식물의 유입으로 점점 그 자취가 희미해지고 있다.

이러한 이유로 노랑붓꽃은 현재 멸종위기 야생생물 2급으로 지정되어 있다. 노랑붓꽃은 과거 울릉도를 제외한 한반도 전역에 널리 분포했던 식물이었으나, 현재는 일부 지역에서만 드물게 관찰될 정도로 개체 수가 많이 감소해 보호가 시급한 상황이다. 식물체 자체는 비교적 아담한 편이지만 꽃이 크고 아름다워 원예적 가치가 매우 높으며, 이른 봄 사람들의 눈에 잘 띄는 장소에서 개화하는 특성으로 인해 무분별한 채취의 위험에 쉽게 노출됐다. 특히 희귀한 노란 색감과 정원 식물로서의 높은 관상 가치 때문에 남획이 지속되었고, 그 결과 현재는 일부 자생지를 제외하면 거의 찾아보기 어려운 실정이다. 다행히 최근에는 국립공원과 수목원 등을 중심으로 복원 사업이 진행되고 있으며, 일부 지역에서는 씨앗 보존과 인공 재배를 통

노랑붓꽃(학명: Iris koreana Nakai)

한 보전 노력도 함께 이루어지고 있다.

노랑붓꽃은 단지 예쁜 들꽃이 아니다. 산과 들이 전하는 말 없는 기록자이자, 빛과 바람의 균형 속에서 피어난 생명의 기억이다. 붓끝처럼 생긴 꽃잎은 마치 자연이 조심스럽게 써 내려간 한 줄 시 같고, 그 시는 짧고도 강한 계절의 문장으로 남는다.

누군가는 말한다. 봄이 물러나고 여름이 오기 전, 들판에 스쳐 지나간 무언가가 있었다고. 그리고 그 자리에 아주 잠깐 피었다가 사라진 노란 꽃이 있었다고. 노랑붓꽃은 그렇게 조용히 나타나고, 또 조용히 사라진다. 하지만 그 짧은 피어남은, 마치 잊을 수 없는 문장처럼 우리의 마음 어딘가에 남아 오래도록 흔들린다.

해오라비난초,
습지에서 피는 희귀 난초

습한 바람이 지면을 감쌀 때, 잎 사이로 조용히 고개를 드는 꽃이 있다. 그 모습은 처음 보는 이에게 숨을 멎게 할 만큼 낯설고도 신비롭다. 꽃이 아니라 흰 새 한 마리가 갓 날개를 펼친 듯한 형상. 그 섬세하고 정결한 날갯짓의 주인공이 바로 해오라비난초다.

해오라비난초는 이름처럼 해오라기(해오라비)를 꼭 빼닮은 난초과의 야생화다. 그 꽃잎은 눈처럼 순백이며, 좌우로 펼쳐진 두 갈래의 날개는 부드러운 깃털을 연상케 한다. 아래로 길게 늘어진 설판은 미세한 톱니처럼 갈라져 있어, 마치 바람결에 흩날리는 깃의 윤곽을 형상화한 듯하다. 꽃잎 하나하나가 새의 몸짓을 기억하듯 만들어졌고, 그것은 단지 식물의 구조를 넘어서 하나의 시각적 언어가 된다.

줄기는 20~40cm 남짓, 연둣빛을 띠며 곧게 뻗고, 그 주위를 감싸듯 기다란 잎들이 가지런히 자리한다. 해오라비난초는 일반적인 난

해오라비난초(학명: Habenaria radiata (Thunb.) Spreng.)

초처럼 화려한 군락을 이루지 않는다. 오히려 한두 송이씩 외롭게 피어, 자신만의 고요한 무대를 연출한다. 7월에서 8월 사이, 여름의 수분이 무르익을 때가 되면, 습한 초지나 계곡 가장자리의 그늘진 풀숲에서 조심스럽게 피어난다.

그들은 늘 물이 머문 자리, 즉 저지대 습지, 고산지대 습윤 풀밭에서 자라난다. 강한 햇빛과 말라가는 흙을 버티지 못하는 대신, 바람과 이슬, 그리고 그늘과 침묵을 좋아하는 식물. 해오라비난초는 균류와의 공생 관계 없이는 발아하지 못하며, 이로 인해 한 번 훼손된 서식지에서는 스스로 되살아나기 어려운 운명을 지녔다. 그래서 더더욱, 피어나는 그 순간이 소중하고 기적처럼 느껴진다.

현재 해오라비난초는 멸종위기 야생생물 2급으로 지정되어 있다. 과거에는 전국의 습지에서 비교적 쉽게 만날 수 있었지만, 농지 개발, 도로 건설, 기후 변화 등으로 서식지가 줄어들고, 개체 수는 눈에 띄게 감소했다. 복원 사업과 인공 재배도 이루어지고 있지만, 자연 속에서 자생 개체를 다시 만나는 일은 여전히 드물다. 그만큼 해오라비난초는 지금 이곳에서, '살아 있음' 자체가 기념비적인 존재다.

어쩌면 이 난초는, 날 수 없지만 날기를 꿈꾸는 식물인지도 모른다. 뿌리는 습지에 단단히 붙이고 있으나, 그 형상은 오직 하늘을 향해 있다. 피어 있는 시간은 짧고, 그 모습은 연약하지만, 그 안에는 하늘을 품은 하나의 고요한 생의 의지가 서려 있다.

나도풍란,
바람 따라 피어난 꿈

해풍이 거세게 부는 바닷가 절벽, 누구도 발을 들이지 않을 듯한 바위틈 어딘가에 조심스레 피어난 작은 꽃이 있다. 가까이 다가서야 비로소 눈에 띌 만큼 작고 수줍은 그 존재는, 세상의 중심이 아니라 가장자리를 택한 식물. 바람을 친구 삼아 고요히 살아가는 이 야생 난초의 이름은 나도풍란이다.

이름부터 사연이 스민 듯하다. '나도풍란'이라는 말은 마치 누군가를 닮고 싶어 애쓰는 작은 생명체의 소망처럼 들린다. 그러나 이 식물은 그 자체로 충분히 고유하며 완결된 존재다. 진짜 풍란과는 전혀 다른 속에 속하면서도, 그 맑고 단아한 기운만큼은 닮은꼴이다. 오히려 척박한 환경 속에서 스스로 빛나는 법을 익힌, 야생의 겸손한 귀족이다.

나도풍란은 난초과의 상록성 착생 난초로, 잎이 따로 없이 원통형

나도풍란(학명: Phalaenopsis japonica (Rchb.f.) Kocyan & Schuit)

의 줄기 자체가 광합성과 수분 흡수를 도맡는다. 바위에 뿌리를 내리고, 가지런한 잎 없이 실처럼 가늘고 길게 늘어진 줄기만으로 살아간다. 줄기는 초록빛을 띠며 손가락 한 마디 정도 굵기로 뻗어가고, 마디 사이에서 무심한 듯 꽃대가 올라온다.

6월에서 8월, 여름이 가장 깊어질 무렵, 나도풍란은 보랏빛이 감도는 작은 꽃을 하나둘 피운다. 꽃잎은 단아하게 벌어지고, 그 중심에는 붉은 점무늬가 어렴풋이 스며 있어 아침 햇살에 비치면 투명한 비단처럼 반짝인다. 꽃 한 송이의 지름은 겨우 1~1.5cm, 너무도 작아 무심히 스치면 알아차리지도 못할 것이다. 하지만 그 안에 깃든 기품과 정결함은 다른 어떤 화려한 꽃에도 뒤지지 않는다.

이 꽃이 피는 곳은 독특하다. 남해안 도서 지역이나 제주, 울릉도의 바닷가 바위 절벽, 때론 오래된 나무줄기 틈새, 비바람을 정면으로 맞는 그 험한 자리다. 마른 바람과 짠 공기, 거친 햇살 속에서도 나도풍란은 스스로를 부러뜨리지 않고 낮게 엎드려 생을 이어간다. 뿌리는 얕고 줄기는 유연하며, 줄기에서 나온 가는 공중 뿌리들이 바위 표면에 붙어 물과 습기를 끌어당긴다. 절벽이라는 한정된 생태 조건 속에서도 그는 놀랍도록 충실하게, 자기 몫의 생애를 살아낸다.

하지만, 이 아름다운 생명은 이제 멸종위기 야생생물 2급으로 지정되어 있다. 수집가들의 무분별한 채취, 서식지 개발과 훼손, 기후변화로 인한 생태계 교란이 나도풍란의 삶터를 빠르게 줄여가고 있다. 바람에 의지해 살아가는 존재에게는 조금의 균형 붕괴도 치명적이다. 현재는 국립생물자원관과 일부 자생식물 연구소를 중심으로 인공증식과 복원 노력이 이어지고 있으나, 이 작은 생명을 온전히 되돌리기엔 아직 많은 시간이 필요하다.

털복주머니난,
순결한 한숨처럼 피어나는 꽃

깊은 산의 음지, 나뭇잎 사이로 스며드는 희미한 햇살 아래, 한 줄기 꿈처럼 모습을 드러내는 꽃이 있다. 털복주머니난이다. 이름에서조차 사람의 발길을 머뭇거리게 만드는 이 야생 난초는 고요하고 숨죽인 숲속에서 조용히 그 존재를 드러낸다. 마치 수줍은 산의 혼령이 살그머니 입술을 열 듯, 보랏빛 기운이 감도는 복주머니 모양의 꽃이 공중에 매달리듯 피어난다. 복스럽다는 말이 무색할 만큼, 그 복주머니는 단출하고 소박하지만, 애틋한 생명의 기도처럼 땅 위에 내려앉아 있다.

털복주머니난은 난초과의 여러해살이풀로 멸종위기 야생생물 1급 식물이다. 키는 약 20~40cm로 자라며, 큰 타원형의 잎을 어긋나게 세 장 정도 달고 있다. 여름이 가까워질 무렵인 6월에서 7월 사이, 진한 자주색 또는 분홍빛의 꽃이 피는데, 아래로 처진 꽃받침이 복주머니를 닮았다고 하여 이런 이름이 붙었다. 표면에 가는 털이 덮여 있어 '털'복주머니난이라 불린다. 이 꽃은 대부분 하나의 꽃만을 피워내며, 그 하나로도 숲의 분위기를 바꾸어놓는 힘을 지녔다.

털복주머니난은 환경 측면에서 매우 까다로운 조건을 필요로 한다. 바위와 낙엽이 많은 부엽질 토양, 반그늘이 드리워진 서늘한 습지나 산지의 음습한 곳에서만 자라며, 특정 곰팡이와 공생하는 정교한 생존 전략을 갖고 있다. 씨앗은 미세한 가루처럼 흩날리지만, 이들이 싹을 틔우기 위해서는 공생균의 도움이 절대적으로 필요하다. 이는 마치 자연이 이 꽃에게 내린 조건부 생명처럼, 어느 하나의 균형이 어긋나면 꽃은 자라지 못한다. 그러므로 털복주머니란의 존재는 건강한 숲 생태계의 척도이자, 무너진 균형 속에서 가장 먼저 사라지는 생명의 신호이기도 하다.

과거에는 강원도, 경기 북부, 백두대간을 따라 펼쳐진 고산 습지대에서 이따금 자생지가 확인되었지만, 이제는 그 모습을 보기 어렵다. 불법 채취와 서식지 파괴로 인해 개체수가 급격히 줄었고, 환경부에 의해 멸종위기 야생식물 1급으로 지정되었다. 특히 꽃의 아름다움이 사람들의 탐욕을 자극해 남획되었고, 번식조차 어려운 이 난초는 다시 숲으로 돌아가지 못한 채 사라져 갔다. 우리가 이 꽃을 지킨다는 것은 단순한 보존의 의미를 넘어, 우리 자신이 자연이라는 거대한 순환 속에서 얼마나 섬세한 균형 위에 서 있는 존재인지를 자각하는 일이기도 하다.

제비붓꽃,
산지의 바람 속에 피어나는 작은 보랏빛

제비붓꽃은 산지의 바람을 타고 은은하게 흔들리는 보랏빛 야생화로, 우리나라 고산지대 초원과 숲의 가장자리에서 조용히 존재감을 드러낸다. 키는 그리 크지 않아 눈에 잘 띄지 않을 수 있지만, 가까이 다가가 보면 잎과 꽃의 균형, 형태의 단아함이 도드라져 오히려 소박한 아름다움을 가진 식물이다. 이 작은 식물은 봄이 지나고 산허리에 따뜻한 기운이 차오를 즈음 잎을 길게 뻗고, 짧은 줄기 끝에 청잣빛의 꽃을 피우며 계절의 변화를 알린다.

제비붓꽃은 붓꽃과의 여러해살이풀로 '멸종위기 야생생물 2급' 식물이다. 제비붓꽃이 살아가는 환경은 그리 넉넉하지 않다. 배수가 잘되는 흙, 과하게 습하지 않은 토양, 적당한 햇볕과 바람, 그리고 경쟁 식물이 많지 않은 열린 공간이 필요하다. 이런 조건을 충족하는 곳은 주로 해발이 높은 산의 초원이나 완만한 능선, 혹은 숲이 완전히 닫히지 않고 볕이 드는 가장자리이다. 햇빛을 좋아하지만, 강한 직사광선 아래보다는 반음지에서 더 안정적으로 생육하며, 뿌리는 땅속에서 조용히 겨울을 나고 다음 해 새순을 준비한다.

초원에서 살아간다는 것은 겉보기에는 고요하고 평온해 보이지만, 실상은 매 순간 치열한 생태적 선택을 통과해야 한다는 뜻이다. 거센 바람에도 꺾이지 않을 유연함, 얕고 메마른 토양에서도 생명을 붙들 수 있는 뿌리의 힘, 그리고 짧게 주어진 개화기 동안 곤충을 효과적으로 유인해야 하는 치밀한 전략이 요구된다. 제비붓꽃의 꽃잎에 새겨진 섬세한 무늬는 이러한 생존 전략의 한 단면으로, 벌과 나비를 끌어들이는 정교한 시각적 신호로 작용한다. 그렇게 맺힌 열매는 다시 바람과 비에 몸을 실어 퍼져 나가며, 다음 세대가 뿌리내릴 새로운 삶의 터전을 향해 나아간다.

제비붓꽃(학명: Iris laevigata Fisch.)

그러나 제비붓꽃이 의지해 온 초원은 해마다 점점 줄어들고 있다. 산지 개발과 등산로의 확장, 방목 방식의 변화, 그리고 기후 변화로 인한 식생 구조의 전환은 초원이 지닌 개방성을 약화시키며 제비붓꽃의 설 자리를 좁혀 간다. 숲이 서서히 초원으로 스며들면서 키 큰 식물들이 빛을 차지하고, 제비붓꽃과 같은 낮은 키의 식물들은 생존의 벼랑으로 내몰린다.

이러한 맥락에서 제비붓꽃은 단순한 야생화를 넘어, 고산 초원 생태계가 얼마나 건강하게 유지되고 있는지를 보여주는 지표종이라 할 수 있다. 제비붓꽃 한 송이를 바라보는 일은 곧 그 안에 스며든 고산지대의 기후와 바람, 토양의 성질, 그리고 생태계의 구조를 함께 마주하는 경험이 된다. 화려함을 앞세우지 않으면서도 매해 묵묵히 계절을 이어가는 생명력, 그리고 사라져 가는 초원의 이야기를 대신 전하는 조용한 증언자. 제비붓꽃은 그렇게 자연의 목소리가 되어 우리 곁에 존재하고 있다.

참고문헌

- 이영노, 《한국의 야생화》, 교학사, 2006.
- 이창복, 《원색한국식물도감》, 향문사, 2003.
- 김태정, 《한국 야생화 도감》, 푸른행복, 2008.
- 국립수목원, 《우리나라 야생화 백과』, 국립수목원, 2012.
- 김성수, 《사계절 우리 야생화》, 진선출판사, 2010.
- 박종무, 《숲에서 만나는 우리 야생화》, 자연과생태, 2014.
- 현진오, 《한국의 산야초》, 돌베개, 2011.
- 국립수목원, 《한국의 희귀·멸종위기 식물》, 국립수목원, 2008.
- 환경부·국립생태원, 《멸종위기 야생식물 도감》, 국립생태원, 2017.
- 이원영, 『야생화, 길 위에서 만나다》, 자연과생태, 2013.